Ambrose/Harris

TYPOGRAFIE

Schriftgestaltung
Satzgestaltung bei Drucksachen
Visueller Aspekt der Textgestaltung

stiebner

Die Englische Ausgabe dieses Buches erschien 2005 unter dem Titel
„Typography. n. the arrangement, style and appearance of type and
typefaces" bei AVA Publishing SA
Chemin de la Joliette 2, Case postale 96
1000 Lausanne 6, Schweiz
Tel.: +41/786/00 51 09
E-Mail: enquiries@avabooks.ch

Aus dem Englischen von Media Compact Service, München,
unter Mitarbeit von Karola Koller (Übersetzung).

Bibliografische Information der Deutschen Bibliothek
Die Deutsche Bibliothek verzeichnet diese Publikation in der
Deutschen Nationalbibliografie; detaillierte bibliografische Daten
sind im Internet über <http://dnb.ddb.de> abrufbar.

Alle Rechte der deutschen Ausgabe
© 2005 Stiebner Verlag GmbH, München
Alle Rechte vorbehalten. Wiedergabe, auch auszugsweise,
nur mit ausdrücklicher Genehmigung des Verlages.

Printed and bound in Singapore

www.stiebner.com

ISBN 3-8307-1305-3

Defying Gravity

Das Designstudio Intro stellte Begleitbroschüre zu *Wipeout Fusion,* einem Spiel für die Playstation 2 von Sony, her. Die unregelmäßig gesetzte Punktmatrixschrift sowie die überdruckten Bereiche, Anschnitte und unterschiedlichen Spaltenanordnungen vermitteln das Gefühl der hektischen Bewegung und Geschwindigkeit des Spiels.

Inhalt

Einleitung 6
Navigation für optimale Information 8

Why Not Associates

Still Waters Run Deep

Studio Myerscough

Schrift	**10**
Einsatzbereich	12
Was ist Schrift	14
Schriftarten und Fonts	16
Schriftstil	18
Italic oder Oblique?	20
Schriftart im Gesamtbild	22
Buchstabenteile	26
Mittellänge	28
Absolutes und relatives Maß	30

Klassifizierung	**34**
Grundlagen	36
Gebrochene Schriften	38
Antiqua-Schriften	40
Antiqua-Varianten	42
Serifen-Varianten	46
Grotesk-Schriften	48
Grotesk-Varianten	50
Gerundete Varianten	54
Schreibschriften	56
Grafische Schriften	58

Satz	**60**
Schriftfamilien	62
Schriften mischen	66
Texthierarchie	68
Anordnung	70
Ziffern	74
Initialen	78
Sonderzeichen	80
Ligaturen	82
Zusatzzeichen	84
Satzzeichen	86
Symbolschriften	88
Fremde Schriften	90
Zeilenabstand	92
Laufweite	94
Kerning	96
Spacing	100
Überdrucken und Aussparen	102
Lesbarkeit	104

3 Deep Design

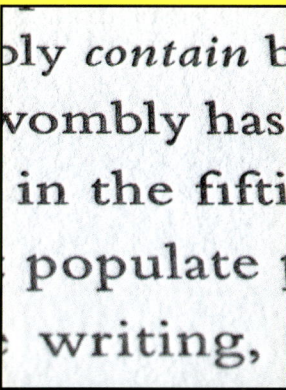
Bruce Mau Design

KesselsKramer

Gestaltung von		
Schriften		108
Fontherstellung		110
Schrift als optisches		
Markenzeichen		112
Handentwürfe		116
Konstruktionen		118
Expressionismus		122

Unsetzung	124
Materialien	126
Druckverfahren	132
Bleisatz	134
Siebdruck	138
Tiefdruck	140
Druckweiter-verarbeitung	142
Hohl- und Reliefprägen	144
Folienprägedruck	146
Drucklacke	148

Praxis	150
Experimentelle Schrift aus Stoff	152
Handgefertigte Schrift im Bild	154
Umgebung	158

Glossar	160
Schluss	172
Danksagung	174
Kontakte	176

Typografie Inhalt

Einleitung

Durch die typografische Gestaltung von Texten lassen sich Ideen und Gedanken in eine visuelle Form bringen. Dabei ist es wichtig, aus der Vielzahl der heutigen Schriften die passenden auszuwählen, denn durch sie wird die Lesbarkeit des Textes und die Einstellung des Lesers erheblich beeinflusst. Die typografische Gestaltung wirkt sich auf den Charakter und die emotionale Qualität der gesamten Darstellung aus. Sie kann eine neutrale Wirkung hervorrufen oder Leidenschaft entfachen, sie kann künstlerische, politische oder philosophische Bewegungen symbolisieren oder die Persönlichkeit eines Menschen oder einer Organisation widerspiegeln.

Es gibt viele unterschiedliche Schriften: Manche haben gut unterscheidbare Buchstaben und Zeichen, die für das Auge angenehm sind und sich deswegen für lange Texte eignen; andere haben eine dramatischere, augenfälligere Wirkung und werden deshalb bevorzugt für Überschriften und in der Werbung eingesetzt.

Die Typografie entwickelt sich ständig weiter. Viele moderne Schriften basieren auf Vorlagen, die schon vor langer Zeit entwickelt wurden. Die noch junge Druckindustrie des 15. Jahrhunderts etablierte römische Versalien und karolingische Minuskeln, die während der Herrschaft Karls des Großen verfeinert und zu Standardzeichen wurden. Viele von ihnen sind heute noch im Einsatz.

Schrift
In diesem Kapitel werden die wichtigsten Fachbegriffe im Zusammenhang mit Schrift und Typografie abgehandelt. Manche Begriffe sind von alten Techniken abgeleitet, sind aber in Gebrauch und sehr wichtig.

Gestaltung
Oft sind kundenspezifische typografische Lösungen erforderlich, bei denen bestehende Schriften angepasst oder ganz neue entwickelt werden müssen.

Klassifizierung
Grafikdesigner müssen wissen, wie Schriften klassifiziert werden, denn nur so können sie deren historische Bedeutung erkennen und Nuancen bei den heutigen Schriften unterscheiden.

Umsetzung
Der effektive Einsatz von Schrift kann die Wirkung und Intensität des Endprodukts erheblich steigern. Auch die richtige Wahl von Bedruckstoffen und Druckverfahren kann das fertige Design aufwerten, wie die gezeigten Beispiele verdeutlichen.

Satz
Wenn man weiß, wie Schrift gemessen und manipuliert werden kann, lässt sich das Endprodukt leichter und exakter gestalten. Hier werden Grundtechniken und Strukturen für den effektiven Einsatz von Schriften erklärt.

Praxis
Das letzte Kapitel zeigt, dass Typografie manchmal auch ganz ungewöhnliche Wege gehen kann. Die in den vorherigen Kapiteln besprochenen Grundlagen wurden bei diesen eher experimentellen Werken in die Praxis umgesetzt.

Kunde:
The Photographers' Gallery
Design: Spin
Typografische Details:
Boton BQ, eine Egyptienne mit Hinterlegung und Unterstreichung in Bold und Regular

Occasional Sights

Occasional Sights ist ein Stadtführer für London, der von der Künstlerin Anne Best stammt. Er beschreibt verpasste Gelegenheiten und Dinge, die es in der britischen Hauptstadt nicht wirklich gibt. Das Design von Spin umfasst einen Buchdeckel, der gleichzeitig als Stichwortverzeichnis fungiert; diese Information erscheint üblicherweise am Ende eines Buchs. Das Verzeichnis ist in Boton BQ Bold und Regular gesetzt, einer serifenlosen Schrift. Einzelne Passagen sind hinterlegt und unterstrichen. Die Schrift ähnelt einer Schreibmaschinenschrift und wird normalerweise auf besonders rauen Papiersorten und bei einfachen Druckwerken verwendet.

Navigation für optimale Information

In jedem Kapitel werden unterschiedliche Aspekte der typografischen Gestaltung ausführlich besprochen. Beispiele für den kreativen Einsatz, die von führenden Designstudios stammen, illustrieren die einzelnen Kapitel; und in zahlreichen Anmerkungen wird erklärt, warum die jeweiligen Designentscheidungen getroffen wurden.

Außerdem werden die wichtigsten Gestaltungsprinzipien detailliert beschrieben, um zu verdeutlichen, wie sie in der Praxis angewendet werden.

Klare Navigation
Das Stichwort im Balken am oberen Rand hilft bei der schnellen Suche nach interessanten Bereichen.

Hintergrundinformationen
Details in Kurzfassung gehören zu jedem Beispiel.

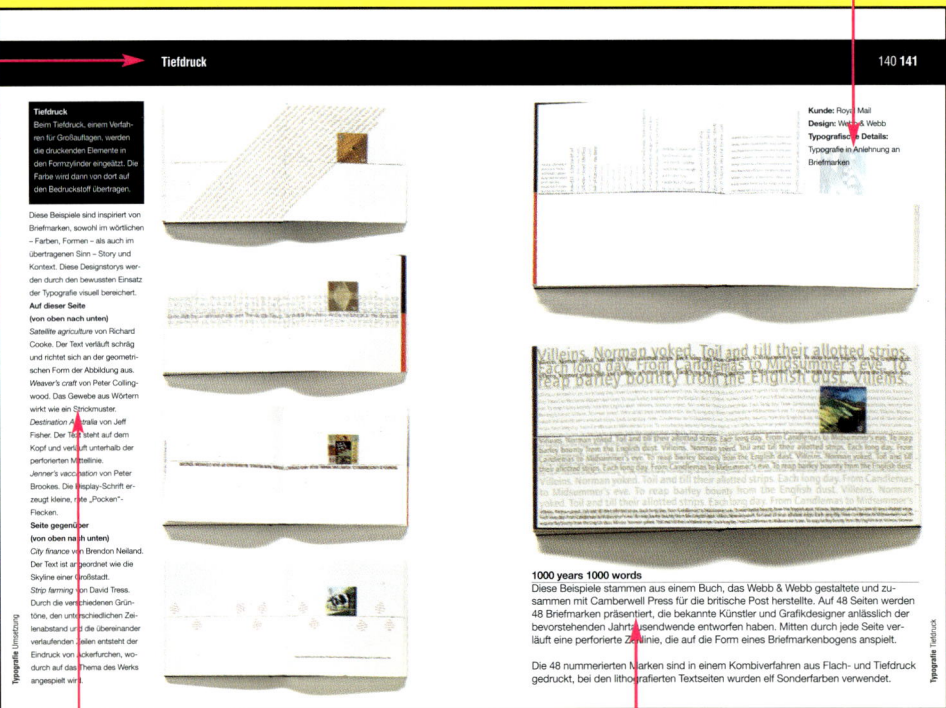

Zusatzinformationen
Weitere Informationen zu schematischen Darstellungen und Beispielen setzen die Arbeit in einen Kontext.

Erklärungen
Hier werden wichtige Punkte aufgeführt und in einfachen Worten erklärt.

Einleitungen
Jeder Abschnitt enthält eine Einführung, in der die wichtigsten Zusammenhänge erklärt werden.

Erklärungen
Schlüsselthemen werden anhand eines praktischen Beispiels verdeutlicht.

Beispiele
Auftragsarbeiten moderner Grafikdesigner zeigen, wie die beschriebenen Grundlagen umgesetzt werden.

Technische Informationen
Hier werden typografische Grundlagen und Fachbegriffe erläutert, um das Verständnis für typografische Konzepte zu fördern.

Schematische Darstellungen
Diese Seiten zeigen, wie die Theorie in der Praxis aussieht.

Typografie Navigation für optimale Information

Schrift

Kunde: Royal Academy of Arts
Design: Why Not Associates
Typografische Details:
Logotype mit gefüllten Punzen, Sonderdesign für Werbeunterlagen zur Ausstellung

ROYAL ACADEMY OF ARTS
PICCADILLY W1

APOCALYPSE
BEAUTY AND HORROR IN CONTEMPORARY ART

23 SEPTEMBER - 15 DECEMBER 2000
DAILY 10am-6pm FRIDAYS UNTIL 8.30pm
www.royalacademy.org.uk

Das weite Feld der Typografie umfasst viele Fachbegriffe, die Grafikdesigner und Drucker verwenden, wenn Schriften und deren Merkmale analysiert und beschrieben werden. Eigentlich sind diese Fachbegriffe eindeutig definiert, doch viele werden heute falsch verwendet oder haben im Lauf der Zeit eine Bedeutungsänderung erfahren, was zu großer Verwirrung führen kann. So werden z.B. die Begriffe „oblique" und „italics" oft als Synonyme für „kursiv" verwendet, nur weil die Zeichen in beiden Fällen leicht schräg sind.

Viele dieser Fachbegriffe, wie etwa „Durchschuss" und „Geviert", stammen noch aus den Zeiten, als die Druckindustrie mit Bleisatzmaschinen arbeitete. Bis zu den revolutionären Auswirkungen der Informationstechnologie in jüngster Zeit war die Druckindustrie eine Bastion der Typografie. Und einige Begriffe – darunter die Bezeichnungen der Einzelteile von Buchstaben – gehen sogar noch weiter zurück bis in die Zeit, in der Schrift in Stein gemeißelt wurde.

In diesem Kapitel werden einige der wichtigsten Fachbegriffe vorgestellt und erläutert, die man zur Beschreibung von Schriften verwendet. Synonyme, alternative Bezeichnungen und falsche Definitionen sind ebenfalls aufgeführt.

Das Verständnis der Fachterminologie hilft dabei, typografische Anforderungen mit Kunden, Grafikdesignern und anderen Experten zu diskutieren, zu spezifizieren und zu erklären. Außerdem trägt es dazu bei, den Einblick in das Fachgebiet zu vertiefen.

„Wir sollten die typografische Vielfalt als eine natürliche Folge der menschlichen Kreativität begrüßen."
Sebastian Carter

Apocalypse (links)
Dieses Plakat wurde für die Ausstellung Apocalypse in der Royal Academy of Arts in London entworfen. Schönheit und Schrecken werden hier durch den harten Gegensatz zwischen der apokalyptischen Schrift und dem ruhigen Bild visualisiert, über dem der Text liegt und das er zerschneidet. Durch die gefüllten Punzen wirken die Buchstaben fast unmenschlich und unheimlich. Die Schrift erscheint in drei klar abgegrenzten Blöcken, die auf der Seite zentriert sind, und vermittelt so eine einfache hierarchische Information – wer, was und wann. Diese oft als sehr konventionell geltende Textanordnung wird durch den apokalyptischen Ausstellungstitel konterkariert

Einsatzbereich

Einsatzbereich

Schrift ist fast überall: in Büchern und Magazinen, auf Wänden, Böden und Straßenschildern. Wie unsere Beispiele zeigen, gibt es viele unterschiedliche Schriftarten mit jeweils eigenem Charakter. Einige Schriftarten sind sehr formell und strahlen Autorität aus, andere kommen lockerer daher und scheinen weniger strukturiert zu sein. Durch die Verwendung einer bestimmten Schrift erfährt der Leser genauso viel über den Autor eines Textes wie durch die Botschaft des Textes selbst.

Wenn es mit Sorgfalt gemacht ist, kann ein handschriftliches Schild vor einem Restaurant signalisieren, dass sich die Speisekarte regelmäßig ändert. Macht es jedoch einen lieblosen Eindruck, glaubt jeder, dass es drinnen genauso zugeht – keine gute Werbung für ein Restaurant! Schrift begleitet uns auf Schritt und Tritt. Ihr Erscheinungsbild hat einen großen Einfluss darauf, wie wir die eigentliche Botschaft wahrnehmen, denn die Schrift kann sie verstärken oder ihr widersprechen.

Schrift vermittelt Anweisungen ...

... und Verbote.

Schrift kann Charakter haben ...

... oder funktionell sein ...

... oder nüchtern.

Schrift kann dauerhaft sein ...

... oder vorübergehend.

Schrift kann zur Orientierung ...

... oder zur Verwirrung beitragen.

Schrift hilft das eine ...

... vom anderen zu unterscheiden.

Schrift kann informell sein ...

... oder formell.

Schrift kann fröhlich und laut sein ...

... oder traurig.

Schrift kann unbeholfen sein ...

... oder anarchisch ...

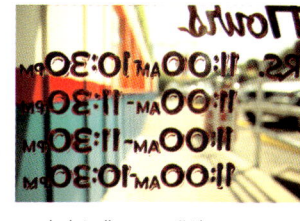
... sie ist allgegenwärtig.

Was ist Schrift?

Was ist Schrift?

Der Typograf Eric Gill stellte einmal fest: „Buchstaben sind Dinge, keine Abbildungen von Dingen." Richtig angeordnet, repräsentieren sie den Klang einer gesprochenen Sprache und drücken Vorstellungen auf visuelle Art und Weise so aus, dass ein Leser sie richtig versteht.

Bei der Typografie geht es um die bewusste Gestaltung von Texten, die meist für den Druck bestimmt sind. Die Vielfalt der Schriften und die unterschiedlichen Einsatzmöglichkeiten können die Bedeutung der Textbotschaft selbst verstärken oder verändern. Wie die folgenden Beispiele zeigen, beeinflusst der Stil, in dem Buchstaben geformt und dargestellt werden, unsere Wahrnehmung der Gedanken, die sie ausdrücken.

Modern
Foundry Gridnik
Die gleichmäßige Strichstärke, kantige Struktur und „sichtbaren" Rasterlinien ergeben eine moderne, fast futuristische Schrift. Eine Hommage an eine von Wim Crowel in den späten 1960er Jahren entworfene Schrift.

Handschrift
Zapf Chancery
Dagegen basiert die kalligraphische Schrift von Hermann Zapf auf einer alten Kanzleischrift, einem Stil, der in der italienischen Renaissance von Kopisten entwickelt wurde.

Künstler Script
Diese Schrift erinnert an verschlungene Handschriften; der generelle Eindruck ist wichtiger als die Lesbarkeit.

Einfach
Gill Sans
Bei der für die London & North Eastern Railway entwickelten Schrift steht die Lesbarkeit im Vordergrund.

Futuristisch
Eurostile
Diese wichtige Schrift von Aldo Novarese spiegelt den Optimismus der 1950er und 1960er Jahre wider.

Historisch
Garamond
Dieser Evergreen von Claude Garamond wirkt klassizistisch und historisch bedeutsam.

Kunde: Gina Ihuarula
Design: Browns
Typografische Details: Akzidenz Grotesk Super, phonetisch in Versalien gesetzt

Gina Ihuarula

Diese eindrucksvolle Corporate Identity, die für die Londoner Modedesignerin Gina Ihuarula entworfen wurde, zeigt die Kraft von Schrift und Farbe. Da der Name „Ihuarula" schwer auszusprechen ist, ist er phonetisch so dargestellt, dass Englisch sprechende Leser ihn korrekt wiedergeben können. Die serifenlosen Versalien (Akzidenz Grotesk Super) verleihen dem Text Autorität und Klarheit.

Die abgebildeten Beispiele zeigen, wie die phonetische Darstellung bei allen Begriffen umgesetzt wurde, die Gina Ihuarulas Werk als Modedesignerin am besten charakterisieren: BIS-POKE (bespoke = maßgefertigt), LUN-DUN (London) und AY-SIM-ET-RIK (asymmetric = asymmetrisch).

Schriftarten und Fonts

Schriftarten und Fonts

Heutzutage werden die Begriffe „Schriftart" und „Font" synonym verwendet. Das ist meist auch nicht schlimm, denn so hat es sich fast überall eingebürgert, und kaum jemand könnte die „korrekte" Definition beider Begriffe nennen, selbst Grafikdesigner nicht. Ursprünglich hatte jedoch jeder der beiden Begriffe eine ganz eigene Bedeutung.

Laut James Felicis *Complete Manual of Typography* ist eine Schriftart eine Sammlung von Zeichen, Buchstaben, Ziffern, Symbolen, Satzzeichen etc., die dasselbe charakteristische Design aufweisen. Unter Font versteht man dagegen das tatsächliche Mittel zur Produktion einer Schrift, sei es die Beschreibung einer Schrift in Form eines Computercodes, ein Lithofilm, Metallettern oder ein Holzschnitt. Felici beschreibt diesen Unterschied auch anhand eines einfachen Beispiels: Ein Font ist ein Keksausstecher, und eine Schrift ist der Keks. Sieht man sich einen Text an, kann man sich fragen, welche Schriftart verwendet wird und mit welchem Font die Schrift gesetzt ist, aber genau genommen kann man nicht fragen, welcher Font verwendet wird.

Unten links der Font (Keksausstecher), mit dem die Schrift (Keks) rechts hergestellt wird.

Schriftart

Eine Schriftart ist
eine Sammlung von Zeichen, Buchstaben, Ziffern, Symbolen, Satzzeichen etc., die dasselbe charakteristische Design aufweisen.

Font

Ein Font ist
das eigentliche Mittel zur Herstellung einer Schrift, sei es ein Computercode, ein Lithofilm, Metalllettern oder ein Holzschnitt.

Schriftstil

Schriftstil

Eine Schriftfamilie umfasst verschiedene Schriftstile/-schnitte, die auf den Normalschnitt Roman übertragbar sind.

Hier die Schriftfamilie Helvetica Neue als Beispiel. Roman ist der Normalschnitt, in dem der Fließtext gesetzt wird. Die anderen Familienmitglieder sind Variationen, die dem Grafikdesigner größere Flexibilität geben und nötigenfalls eine interessantere Gestaltung ermöglichen, ohne von den wichtigen Merkmalen der Schrift abzuweichen.

Roman

Italic

Condensed

Extended

Boldface

Light or thin

Helvetica Neue 55
Basiert auf Inschriften römischer Monumente – einige Schriften haben eine etwas dünnere Version namens „Book".

Helvetica Neue 56
Kursive Version des Normalschnitts – ist bei den meisten Schriften vorhanden.

Helvetica Condensed
Schmalere Version des Normalschnitts.

Helvetica Neue Extended
Breiter laufende Version des Normalschnitts.

Helvetica Neue 75
Breitere Strichstärke als Normalschnitt – auch Medium, Semibold, Black, Super und Poster genannt.

Helvetica Neue 35
Dünnere Version des Normalschnitts.

Kunde: Stroom
Design:
Faydherbe/De Vringer
Typografische Details:
Leviathan HTF Black Italic, abgeschnittene Wörter vermitteln Bewegung und Aktualität

Toussaintkade 55

Deze voormalige broodjesfabriek wordt al meer dan tien jaar als expositieruimte gebruikt.
Het kunstenaarscollectief Quartair dat het pand beheert, gebruikt het in de zomer, Stroom hcbk organiseert in de wintermaanden tentoonstellingen, waarvoor met name Haagse kunstenaars worden uitgenodigd.

Henk Hubenet en Mark de Weijer

De schilders Henk Hubenet en Mark de Weijer hebben elkaar leren kennen in een voormalig schoolgebouw, waar sinds 2000 de stichting Ruimtevaart is gevestigd.
Na verloop van tijd ontstond er een wederzijdse interesse in elkaars werk, dat op diverse punten overeenkomsten bleek te hebben.
Beide schilders hanteren modernistische uitgangspunten. Het onderwerp is de schilderkunst zelf waarbij de abstractie het resultaat is van een nauwgezette reeks van handelingen.
Van belang hierbij is de zintuiglijkheid van kleur, huid, schaal en proportie. De werken zijn echter onontkoombaar individueel.
Zo improviseert Henk Hubenet, op het scherpst van de snede, met vormstylering en kleurcombinaties.
Mark de Weijer past kleur- en materiaalexperimenten seriematig toe waarbij de reeks zowel een utilitaire als autonome waarde lijkt te representeren.

Uitnodiging

Henk Hubenet en Mark de Weijer

The Brush and the Liquid
Schilderkunst in relatie tot Newton en Newman

Opening

donderdag 8 januari 2004, 17 uur

Toussaintkade 55, Den Haag
9 januari tm 8 februari 2004
woensdag tm zondag 12–17 uur

TPG Post
Port betaald
Port payé
Pays-Bas

stroom
haags centrum voor beeldende kunst

spui 193-195
2511 bn den haag
telefoon 070 3658985

www.stroom.nl
e-mail: info@stroom.nl
fax 070 3617962

Stroom Invitation
Diese Einladung ins Stroom – ein Zentrum für bildende Kunst in den Niederlanden – stammt von Faydherbe/De Vringer. Die kursive Schrift wirkt fast wie mit einem Pinsel gemalt. Die Wörter wurden abgeschnitten, um Aktualität zu symbolisieren.

Italic oder Oblique?

Italic oder Oblique?
Zwar gibt es einen Unterschied zwischen den Schriftschnitten Italic und Oblique (siehe unten), doch bei der Auswahl gibt es kein Richtig oder Falsch. Wie bei allen Gestaltungsaspekten basiert auch die Auswahl des Schriftschnitts auf dem Gefühl dafür, was in einer bestimmten Situation dem beabsichtigten Zweck am ehesten entspricht.

Italic (kursiv)
Ein echter Italic-Schnitt ist von Hand gezeichnet und richtet sich an einer Achse im Winkel von 7 bis 20 Grad aus. Das Schriftbild wirkt kalligrafisch und kann aufgrund der häufigen Verwendung von Ligaturen sehr kompakt sein. Grundlage sind meistens Serifenschriften. Man beachte hier den Unterschied zwischen Roman und Italic.

Mrs Eaves Roman (links) / Mrs Eaves Italic (rechts)
Die ist ein echter Italic-Schnitt, weil die Buchstaben handgezeichnet wirken und sich an einer Achse von 7 bis 20 Grad ausrichten.

Oblique (schräg)
Im 20. Jahrhundert entwickelten Typografen schräg gestellte Versionen des Normalschnitts (besonders für serifenlose Schriften) und nannten sie Oblique. Italic-Schnitte galten als ungeeignet für das Industriedesign und das nichtkalligrafische Erscheinungsbild der meisten serifenlosen Schriften. Auch Obliques sind eigenständige Schnitte, doch im Prinzip schräg gestellte Versionen des Normalschnitts. Verwirrung entsteht, weil Oblique-Schnitte oft fälschlicherweise als Italics bezeichnet werden wie etwa bei der Helvetica Neue 76 Italic.

Helvetica Neue 75 (links) / Helvetica Neue 76 Italic (rechts)
Diese Italic ist eigentlich eine Oblique, da sie so gezeichnet wurde, dass sie dem Normalschnitt ähnelt.

Kunde: Barbican Gallery
Design: North
Typografische Details:
Futura Bold Italic, eigentlich eine um 9 Grad schräg gestellte Oblique

Barbican Gallery Literature

Die Broschüre, die vom Designstudio North für die Kunstgalerie des Barbican Centre hergestellt wurde, gibt einen Ausblick auf kommende Ausstellungen. Gesetzt ist sie in Futura Bold Italic, bei der es sich eigentlich um eine Oblique handelt, weil die Schrift um 9 Grad schräg gestellt wurde. Die durchgängige Verwendung einer einzigen Schriftart ist fester Bestandteil der Corporate Identity (CI). Im vorliegenden Fall ist die Typografie die CI, weil sie so charakteristisch und deshalb leicht wiedererkennbar ist.

Typografie Italic oder Oblique?

Schriftart im Gesamtbild

Schriftart im Gesamtbild
Woran man immer denken sollte, wenn man sich eine Schriftart oder Schriftfamilie ansieht, ist die Tatsache, dass sie ursprünglich für einen ganz bestimmten Zweck entwickelt wurde.

Wie die folgenden Beispiele aus der Schriftfamilie Minion zeigen, gilt die Schriftart als Grundkomponente für die Präsentation einer Botschaft.

abcdefghijklmnopqrstuvwxyz

Minion Regular
Alphabet im Normalschnitt, wird verwendet für Fließtext.

ABCDEFGHIJKLMNOPQRSTUVWXYZ

Minion Regular Caps
Standard-Versalien für Initialen und Überschriften.

ABCDEFGHIJKLMNOPQRSTUVWXYZ

Minion Regular Small Caps
Kapitälchen für spezielle Auszeichnungen im Text.

Mit KAPITÄLCHEN lassen sich Textbereiche auf einfache Art und Weise auszeichnen, ohne sie zu sehr hervorzuheben oder den umgebenden Fließtext zu überlagern. Titel, Namen und Referenzen heben sich ab, ohne gleich ins Auge zu springen, was bei VERSALIEN der Fall wäre.

  KAPITÄLCHEN harmonieren besser mit dem Fließtext, weil sie dieselbe Strichstärke aufweisen wie die regulären Zeichen. Dies trifft jedoch nicht auf KÜNSTLICHE KAPITÄLCHEN zu, bei denen manche Striche dünner sind und so den Eindruck vermitteln, als wären die Buchstaben in die Länge gezogen.

Typografie Schrift

Texte gelten als leichter lesbar, wenn sie in Roman, Old Style oder Antiqua gesetzt sind und aus einer Kombination von Versalien (Großbuchstaben) und Minuskeln (Kleinbuchstaben) bestehen. Das menschliche Auge überfliegt nämlich einen Text und erkennt Wörter anhand der Ober- und Unterlängen, anstatt jedes einzelne Wort tatsächlich zu lesen. Versalien haben dieselbe Höhe und geben dem Auge weniger Angriffsfläche als Minuskeln, deren Ober- und Unterlängen dem Auge helfen.

BEI EINEM TEXT IN GROSSBUCHSTABEN MUSS DER LESER JEDES EINZELNE WORT VOLLSTÄNDIG REKONSTRUIEREN, INDEM ER JEDEN EINZELNEN BUCHSTABEN LIEST. DAS KANN LANGE DAUERN UND ERMÜDEND SEIN.

Kleinbuchstaben wurden im 8. Jahrhundert von Alkuin von York entwickelt. Durch sie konnten erstmals Texte in Sätze und Absätze unterteilt werden, weil jeweils das erste Wort eines Satzes mit einem Großbuchstaben begann.

Manche Sprachen, z.B. Deutsch, können sehr unangenehm aussehen, wenn sie in Roman gesetzt sind, weil jedes Substantiv mit einem Großbuchstaben beginnt. Dadurch wird die Abtastbewegung des Auges behindert.

SPACING

spacing

Da Kleinbuchstaben fast ineinander fließen, gilt es als typografische Sünde, sie mit Leerzeichen voneinander zu trennen, denn das macht den Text schwerer lesbar. Großbuchstaben sind unabhängiger voneinander, weswegen wir es eher gewohnt sind, sie gesperrt zu sehen und zu lesen.

Henry Peacock Gallery

Jonathan Ellery, einer der Gründer von Browns, entwarf dieses Plakat für eine Ausstellung in der Henry Peacock Gallery in London. Hier funktioniert ein Text in Versalien sehr gut, weil nur relativ wenige Buchstaben in einer großen Schriftgröße verwendet werden und alles in einer schmal laufenden Helvetica Bold gesetzt ist. Bei dieser Kombination versteht der Leser den Text, ohne dass das Auge allzu viel arbeiten muss. Zu lesen ist ein Zitat des Boxers Muhammad Ali, das im Folienprägedruck auf ein reflektierendes, metallkaschiertes Papier gedruckt wurde. Das Plakat wurde als limitierte Auflage in vier unterschiedlichen Farbzusammensetzungen gedruckt.

Kunde: Henry Peacock Gallery
Design: Browns (Jonathan Ellery)
Typografische Details: Helvetica Bold Condensed, Fließtext in Versalien

Bristol Old Vic
Diese vierfarbige A5-Broschüre mit 24 Seiten wurde von Thirteen für das Bristol Old Vic entworfen. Sie enthält Details zu allen Aufführungen, die im ersten Quartal der Saison 2004 zu sehen waren.

Die serifenlose Schrift Avenir, von der nur die Kleinbuchstaben verwendet werden, spielt auf hervorragende Art und Weise mit den gerundeten Buchstaben im Namen des Theaters. Interessanterweise hat der Designer den i-Punkt weggelassen, vielleicht um eine saubere und durchgängige Mittellänge für alle Buchstaben ohne Oberlängen zu erreichen.

Die Typografie ist hier Teil der Corporate Identity des ältesten, durchgängig bespielten Theaters in England. Auf dieser Doppelseite sieht man, dass für alle Titel und Bildunterschriften nur Kleinbuchstaben verwendet werden, was das typische, von Thirteen entwickelte Gesamtdesign noch verstärkt. Auffällig ist jedoch, dass auf den Innenseiten der Broschüre der i-Punkt plötzlich wieder auftaucht.

Kunde: Bristol Old Vic
Design: Thirteen
Typografische Details: geometrische Schrift Avenir, nur Kleinbuchstaben

Buchstabenteile

Hoefler Text

Strich
Diagonaler Teil bei Buchstaben wie „N", „M" oder „Y". Auch Schaft, Querstrich, Schenkel etc. werden kollektiv als Strich bezeichnet.

Verlauf
Die Richtung, in die sich die Strichstärke einer Rundung verändert.

Schlinge
Ganz oder teilweise eingeschlossene Punze – Teil eines Buchstabens. Wird manchmal auch für das kursive „p" und „b" verwendet.

Kehlung
Serifenrundung, die die Serife mit dem Stamm verbindet.

Haarstrich
Dünnster Strich einer Schrift mit unterschiedlichen Strichstärken – besonders deutlich beim „v" oder „a".

Querstrich
Abgewinkelter Endstrich eines „G".

Avenir

Scheitel
Oberster Punkt eines spitzen Buchstabens wie „A", an dem sich der rechte und linke Strich treffen.

Schulter
Bogen eines „h" oder „n".

Schenkel
Schräg nach unten gehender Strich des „K", „k" und „R". Bezeichnet manchmal auch den Schweif des „Q".

Sohle
Winkel am unteren Ende eines Buchstabens, an dem sich zwei Schenkel treffen, z.B. beim „V".

Ober- und Unterlängen
Die Oberlänge ist der Teil eines Buchstabens, der über die Mittellänge hinausragt; die Unterlänge liegt unterhalb der Grundlinie.

Endstrich
Als Endstrich wird der Abschluss eines Strichs bezeichnet. Avenir hat einen flachen, schmucklosen Endstrich; Hoefler Text hat dagegen einen sehr spitzen Endstrich. Daneben gibt es aufgeweitete, konvexe, konkave und abgerundete Varianten. Letztere enden häufig in einem Tropfen.

Typografie Schrift

Plantin

Schweif
Balken eines „Q", beim „K" und „R" auch Schenkel. Die Unterlängen von „g", „j", „p", „q" und „y" werden gelegentlich auch als Schweif bezeichnet, ebenso die Schlinge des „g".

Übergang
Verbindungsteil der beiden Punzen bei einem zweistöckigen „g".

Fähnchen
Dekorativer Endstrich am rechten oberen Rand eines „g", „r" oder „f".

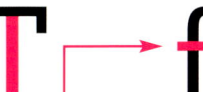

Serife
Kleiner Strich am Ende eines horizontalen oder vertikalen Grundstrichs.

Kurve
Geschwungener Strich von links nach rechts beim „S" und „s".

Querbalken
Horizontaler Strich, einseitig oder an beiden Seiten offen, z.B. beim „T", „F" oder „E". Auch Querstrich oder Balken genannt.

Geo Slab

Schaft
Vertikaler oder diagonaler Hauptstrich beim Buchstaben.

Schnittpunkt
Punkt, an dem sich die Schenkel des „K" und „k" treffen.

Querstrich
Horizontaler Strich beim „A" und „H", der die beiden Schäfte verbindet.

Querbalken
Horizontaler Strich beim „A", „H", „T", „e", „f" und „t". Auch Querstrich genannt. Ein Querbalken scheidet eigentlich einen Schaft.

Punze
Vom Buchstaben umschlossener Innenraum – auch Auge oder Binnenraum genannt.

Mittellänge

Mittellänge
Der Begriff Mittellänge bezieht sich auf den Abstand von der Grundlinie zur gedachten Mittellinie. Das „x" wird als Maßstab verwendet, da es sowohl oben als auch unten flach ist. Die Mittellänge dient häufig als Layoutanker für die Positionierung von Bildern und Textblöcken.

Die Mittellänge ist ein relatives Maß, das von der Schriftart abhängt. Der tatsächliche Wert ist von Schrift zu Schrift unterschiedlich, auch wenn die Punktgröße dieselbe ist; Beispiele sind rechts abgebildet.

Unterschiedliche Mittellängen bei Schriften gleicher Punktgröße bewirken eine optische Verzerrung.
So hat z.B. die (hier verwendete) Akzidenz Grotesk eine relativ hohe Mittellänge, wodurch zwischen den Zeilen weniger Platz ist und Ober- sowie Unterlängen weniger Raum zur Verfügung steht wie etwa bei der Cochin, die eine geringere Mittellänge aufweist. So entsteht die Illusion, dass der Zeilenabstand kleiner ist, obwohl er bei beiden Beispielen identisch ist.

Unterschiedliche Mittellängen bei Schriften gleicher Punktgröße bewirken eine optische Verzerrung.
So hat z.B. die Akzidenz Grotesk eine relativ hohe Mittellänge, wodurch zwischen den Zeilen weniger Platz ist und Ober- sowie Unterlängen weniger Raum zur Verfügung steht wie etwa bei der (hier verwendeten) Cochin, die eine geringere Mittellänge aufweist. So entsteht die Illusion, dass der Durchschuss kleiner ist, obwohl er bei beiden Beispielen identisch ist.

Oberlänge
Mittellinie | Versalhöhe
RDLlpx
Grundlinie | Mittellänge
Unterlänge

Versalhöhe und Oberlänge
Die Versalhöhe (Höhe der Großbuchstaben) und die Oberlänge sind manchmal gleich, doch bei manchen Schriften, wie oben gezeigt, ist die Oberlänge ein bisschen länger.

Typografie Schrift

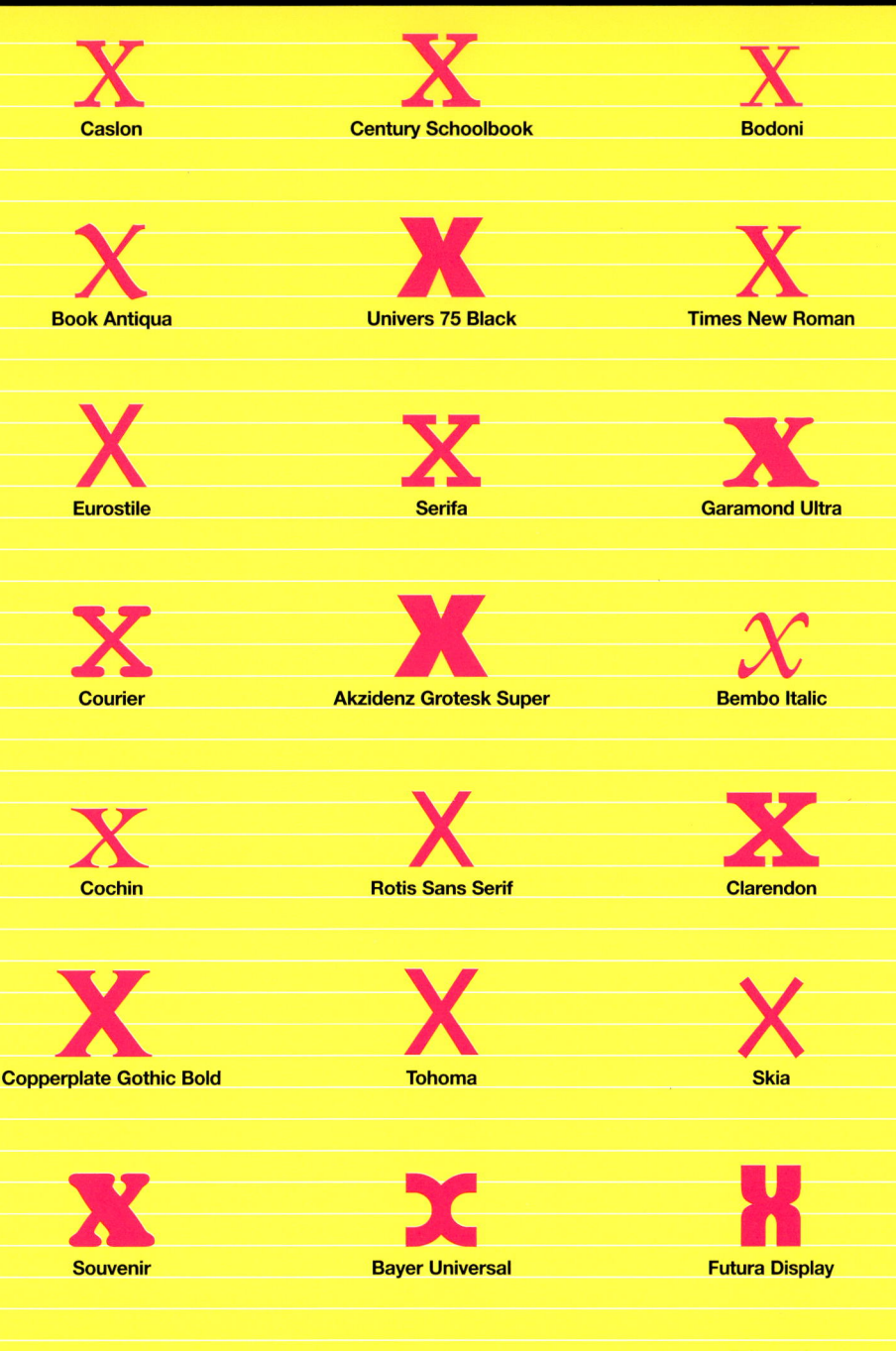

Absolutes und relatives Maß

Absolutes Maß
Die weißen Linien haben einen Abstand von 12 p und sind in einem Raster angeordnet, der insgesamt 60 p misst. Die Schrift mit einer Größe von 60 p liegt innerhalb der Linien, hat also nicht dasselbe Maß.

Das Punktsystem
Das Punktsystem wurde im 19. Jahrhundert von Pierre Fournier und François Didot entwickelt. Der moderne britische/amerikanische Punkt beträgt ½ Inch.

Die Punktgröße
Die Punktgröße einer Schrift wird gemessen von der längsten Oberlänge bis zur längsten Unterlänge. Sie wurde für den Bleisatz entwickelt. Bleilettern hatten immer eine gewisse Freifläche, um beim Setzen sicherzustellen, dass ein ausreichender Abstand zwischen den Zeilen entstand. Die Punktgröße bei einem Font entspricht der Gesamthöhe der Letter, nicht der Höhe des Buchstabens.

Relatives Maß
Gewisse typografische Maßeinheiten sind relative – und nicht absolute – Angaben. Ein Geviert bei einer Schriftgröße von 60 p hat auch 60 p. Ein Halbgeviert ist nur halb so groß. Diese beiden Maßeinheiten dienen als Grundlage für Gedankenstriche, Bruchstriche und Leerzeichen und sind auch sonst hilfreich, weil sie direkt von der Schrift abhängen; wird die Schrift größer, passen sich die Leerzeichen an.

Geviert, Halbgeviert, Bindestrich

Geviert
Die Maßeinheit Geviert ist durch die Breite des Buchstabens „M" definiert. Ein Geviert entspricht der Größe einer Schrift, d.h. das Geviert einer 60-p-Schrift beträgt 60 p. Dieses Maß wird im amerikanischen Englisch für Einzüge und Einrückungen verwendet.

Halbgeviert
Diese Maßeinheit entspricht einem halben Geviert. In Europa wird es für Einrückungen verwendet. Der Halbgeviertstrich kann auch als Streckenstrich dienen, z.B. bei Ausdrücken wie „Kapitel 10–11", und „1975–1981". Auf einem Buchrücken kann er auch „und" bedeuten, z.B. zwischen zwei Familiennamen.

Bindestrich
Ein Bindestrich ist nur ein Drittel so lang wie ein Geviertstrich. Er wird verwendet, um die Bestandteile zusammengesetzter Wörter zu trennen, aus mehreren Adjektiven bestehende Begriffe zu verbinden und die Silben eines Worts am Zeilenende zu trennen.

Kunde: Diesel
Design: KesselsKramer
Typografische Details: Muster auf der Basis unterschiedlicher Punktgrößen

Diesel
In dem Plakat für eine Diesel-Werbekampagne wurden viele verschiedene Punktgrößen verwendet. Das daraus resultierende Muster vermittelt den Eindruck natürlicher Harmonie. Das feste Maß und die variierenden Punktgrößen erzeugen einen dichten Fließtext, in dem die größeren Zeichen fast wie Zitate oder Überschriften aussehen.

Kunde: Royal Society of Arts
Design: NB: Studio
Typografische Details:
16-seitige Broschüre und Plakat mit Schrift in kleiner Punktgröße

> The way the RS
> means that as
> I get to talk to
> in different fiel
> would never

Dr Nicholas Baldwin,
Dean and Director of Operati
Wroxton College of Fairleigh
Dickinson University

Typografie Schrift

Royal Society of Arts
Diese 16-seitige Broschüre – sie enthält eine Reihe von Illustrationen von Tom Gauld – sollte etwas Besonderes werden. NB:Studio entwarf daher ein großformatiges Poster, in das die Broschüre verpackt ist. Auf dem Poster sind die Namen aller Mitglieder der RSA zu lesen, von denen es im wahrsten Sinne des Worts tausende gibt. Das zeigt, wie beliebt diese Organisation ist, stellte aber die Designer auch vor eine große Herausforderung, denn nur mit einer sehr kleinen Punktgröße ließ sich die gesamte Information auf dem Plakat unterbringen.

Durch die unterschiedliche Punktgröße entsteht eine einfache Hierarchie aus „Muster" und „Text". Zwar kann man den gesamten Text lesen, doch eigentlich *soll* nicht alles gelesen werden; die enormen Größenunterschiede unterstreichen diese Absicht.

Klassifizierung

Kunde: Absolut Label
Design: KesselsKramer
Typografische Details: Sammlung unterschiedlichster Schriftarten, die je nach Themengebiet eingesetzt werden.

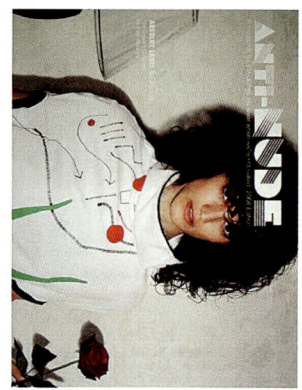

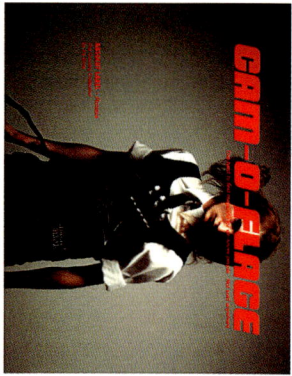

Klassifizierung

Da es so viele unterschiedliche Schriftarten gibt, ist ein Klassifizierungssystem unerlässlich, und sei es auch nur um die Vorgaben für einen bestimmten Auftrag eindeutig zu spezifizieren.

Schriftarten und Schriftfamilien lassen sich nach ihren charakteristischen Merkmalen klassifizieren. Um das Klassifizierungssystem zu verstehen, muss man die Begriffe kennen, mit denen die charakteristischen Merkmale beschrieben werden. Viele Schriften – und auch ein Großteil der einschlägigen Fachterminologie – basieren auf Formen, die in den vergangenen 500 Jahren entwickelt wurden und ursprünglich in Stein gemeißelt oder in Blei gegossen wurden. Auch in unserem modernen digitalen Zeitalter weisen solche Schriften noch immer die ursprünglichen Besonderheiten auf. Die Klassifizierung von Schriften ist eine der wenigen Gelegenheiten, bei denen man rein von der optischen Erscheinung ausgehen kann. Es ist wichtig, etwas über die Klassifizierung von Schriften und die Unterschiede zwischen den jeweiligen Varianten zu wissen, um sie bewusst für bestimmte Gestaltungszwecke einsetzen zu können.

Schriften werden meist nach ihrer Erscheinungsform klassifiziert und in eine dieser vier Kategorien eingeordnet: gebrochene Schriften, Antiqua-Schriften, Grotesk-Schriften und Schreibschriften (*Human Factors in Engineering Design, Sanders and McCormick*, 1993). In eine weitere Kategorie, „Grafische Schriften" (auch „Experimentalschriften" oder „Symbolschriften"), gehören all jene Schriften, die nicht in die ersten vier Kategorien passen. In die Kategorie „Gebrochene Schriften" fallen alle Schriften, die auf alten deutschen Handschriften basieren; „Antiqua" umfasst alle Serifenschriften, „Grotesk" alle Serifenlosen; und zu den „Schreibschriften" zählen all jene Schriften, die eine Handschrift nachzuahmen versuchen.

Absolut Label (links)
Diese Doppelseiten sind aus der ersten Ausgabe eines von Absolut gesponserten und von KesselsKramers entworfenen Modemagazins. Die Coverseiten wurden mit verschiedenen Schriftarten hergestellt, um die Vielfalt der Aufnahmeorte zu betonen.

Von oben links: Die Schablonenschrift vermittelt ein Gefühl von Militarismus und Auflehnung; „Greece" verwendet eine retrofuturistische grafische Schrift; „Sweden" eine geometrische Schrift mit extremen Unterlängen. „Russia" ist in einer Groteskschrift in „fett" und „kursiv" gesetzt; „Turkey" verwendet eine sehr feine Display-Schrift mit einem besonderen i-Punkt; bei „Brazil" ist eine Serifenschrift zu sehen; bei „Spain" eine Kombination aus manuell gezeichneter Schrift und Schreibschrift; „France" verwendet eine Schreibmaschinenschrift, die beinahe wie ein Anti-Fashion-Statement wirkt.

Grundlagen

Gebrochen

Block, Blackletter, Gothic, Old English, Black oder Broken – diese Schriften gehen zurück auf die kunstvollen Handschriften des Mittelalters. Heute erscheinen sie schwerfällig, in größeren Textblöcken schwer lesbar und antiquiert.

Blackletter 686

Diese Schrift basiert auf den ersten Drucklettern, die wiederum von den in Nordeuropa üblichen Handschriften abstammen. Jeder Strich hat zusätzlich einen Haarstrich, wodurch ein Hell-Dunkel-Kontrast entsteht.

Antiqua

Antiqua-Schriften, die ursprünglich von römischen Inschriften hergeleitet sind, sind Serifenschriften mit proportional angeordneten Buchstaben. Sie sind am leichtesten zu lesen und werden gerne für Fließtext verwendet.

Book Antiqua

Diese Schrift stammt von Monotype und ähnelt der von Hermann Zapf entworfenen Palatino. Der Strichstärkenkontrast ist nur sehr gering, wodurch beim Lesen keine Ablenkung entsteht.

Grotesk

Grotesk-Schriften, auch serifenlose oder Linear-Schriften genannt, haben keine Schmuckelemente. Wegen ihres einfachen und klaren Designs eignen sie sich als Display-Schriften. Lange Textblöcke sind schwer lesbar.

Grotesque
Die von Monotype 1926 entwickelte Grotesque hat einfache und klare Linien und ist für Fließtext gut geeignet. Es fällt sofort auf, dass Serifen fehlen. Das „g" hat eine Schlinge und ist nicht zweistöckig.

Schreibschrift

Diese Schriften imitieren Handschriften und vermitteln den Eindruck, als seien die einzelnen Buchstaben miteinander verbunden. Wie bei normalen Handschriften auch, sind einige Variante leichter lesbar als andere.

Künstler Script Medium
Diese auffällig nach rechts geneigte Schrift stammt von der Firma Heidelberg Druckmaschinen.

Gebrochene Schriften

Gebrochene Schriften

Block, Blackletter, Broken, Old English oder Gothic (nicht zu verwechseln mit Grotesk) basieren auf den überladenen, kunstvollen Handschriften des Mittelalters. Wegen der komplizierten Buchstabenformen sind solche Schriften schwer zu lesen – besonders als Fließtext – und werden daher meist für dekorative Zwecke eingesetzt wie auch Schreibschriften oder Initialen. Die Lesbarkeit hängt jedoch davon ab, wie vertraut der Leser mit der Schrift ist. Unsere modernen Groteskschriften wären wahrscheinlich für einen Leser des Mittelalters auch schwer zu lesen.

ABCDEFGHIJKLMNOPQRSTUVWXYZ
abcdefghijklmnopqrstuvwxyz
1234567890

ABCDEFGHIJKLMNOPQRSTUVWXYZ
abcdefghijklmnopqrstuvwxyz
1234567890

ABCDEFGHIJKLMNOPQRSTUVWXYZ
abcdefghijklmnopqrstuvwxyz
1234567890

Gebrochene Schriften
(von oben nach unten: Engravers Old English, Goudy Text, Fraktur)
Diese Beispiele verdeutlichen die kunstvollen Buchstabenformen, die im krassen Gegensatz zu unseren modernen serifenlosen Schriften stehen.

Dieser Text ist in Cloister Black gesetzt, einer Schrift, die 1904 von Morris Fuller Benton und Joseph W Phinney entwickelt wurde. Wie man sehen kann, ist ein größerer Textblock in einer gebrochenen Schrift schwer lesbar. Das liegt jedoch eher daran, dass wir andere Schriftarten gewohnt sind, und nicht so sehr an der Schrift selbst. Als das Zeitalter des Druckens begann, hatte keiner, der des Lesens mächtig war, mit dieser Schrift Probleme. Doch wir sind heute einfachere und klarere Schriftarten gewohnt, sodass die kunstvollen Elemente dieser gebrochenen Schrift das Auge verwirren und uns das Lesen erschweren. Die Lesbarkeit lässt sich jedoch verbessern, wenn man die Laufweite der Buchstaben oder die Abstände zwischen den Wörtern vergrößert.

Antiqua-Schriften

Antiqua-Schriften

Antiqua-Schriften haben dekorative Serifen, die es dem Auge leichter machen, von einem Buchstaben zum nächsten zu wandern. Genau deshalb werden diese Schriften auch oft für Fließtexte verwendet. Zurückzuführen sind sie auf römische Texte, die in Stein eingemeißelt wurden.

    Die vielen verschiedenen Antiqua-Schriften werden im angelsächsischen Raum unterteilt in Old Style Venetian (Humanist), Old Style Aldine (Garalde), Old Style Dutch, Old Style Revival, Transitional, Didone, Slab Serif (Egyptian), Clarendon und Glyphic.

ABCDEFGHIJKLMNOPQRSTUVWXYZ
abcdefghijklmnopqrstuvwxyz
1234567890

ABCDEFGHIJKLMNOPQRSTUVWXYZ
abcdefghijklmnopqrstuvwxyz
1234567890

ABCDEFGHIJKLMNOPQRSTUVWXYZ
abcdefghijklmnopqrstuvwxyz
1234567890

Antiqua-Schriften
(von oben nach unten: Cochin, Garamond, Souvenir)
Alle drei Schriften sind Serifenschriften, trotzdem sind sie sehr unterschiedlich.
Man beachte besonders das „Q", „g", „J" und „K".

Typografie Klassifizierung

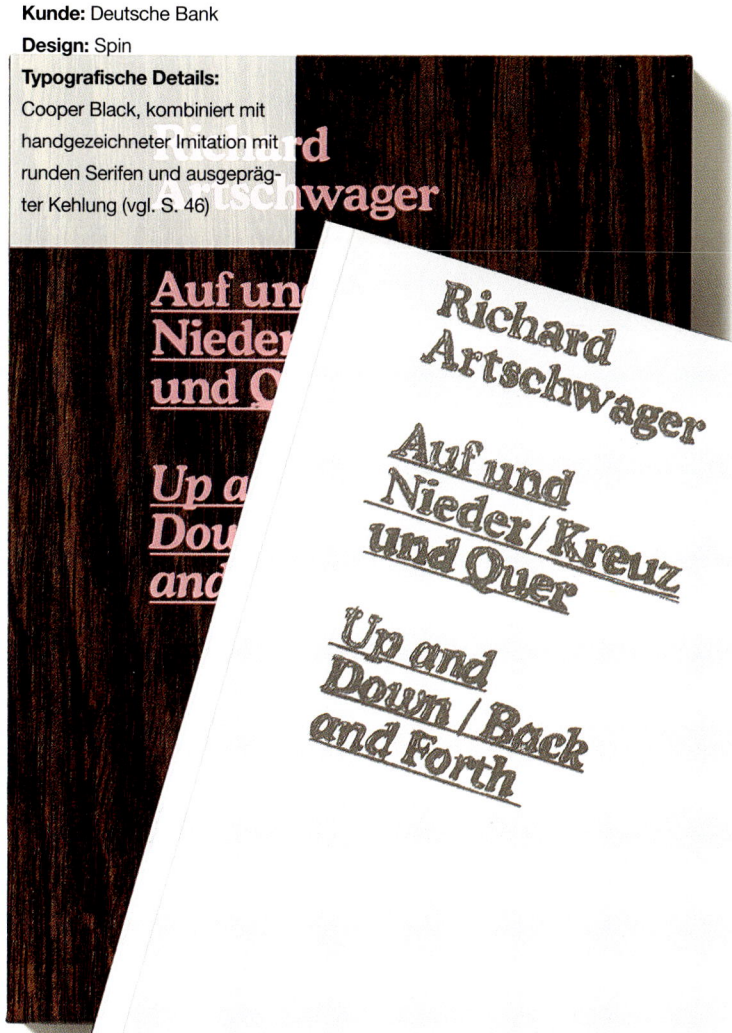

Kunde: Deutsche Bank
Design: Spin
Typografische Details:
Cooper Black, kombiniert mit handgezeichneter Imitation mit runden Serifen und ausgeprägter Kehlung (vgl. S. 46)

Up and Down / Back and Forth
Dieser Katalog stammt vom Designstudio Spin und präsentiert Kohlezeichnungen des Künstlers Richard Artschwager. Die Seiten des Katalogs spiegeln sich im Design des Covers wider. Außen wird Cooper Black verwendet – eine extrafette Antiqua-Schrift der Kategorie Revival –, und zwar in Pink vor einem wie Holz wirkenden Hintergrund. Dieselbe Schrift wird für die Beschreibungen im Katalog verwendet. Auf den Innenseiten ist eine Reproduktion des Covers als Kohlezeichnung zu sehen, ein Hinweis auf die Zeichnungen, die dann vorgestellt werden.

Antiqua-Varianten

Wahrscheinlich gibt es deshalb so viele Antiqua-Varianten, weil diese Schriftkategorie für das gedruckte Wort so wichtig ist. Im Lauf der Zeit wurden einzelne Antiqua-Schriften modifiziert, um dem modernen Geschmack Rechnung zu tragen. Die zahlreichen Unterkategorien, die es heute gibt, tragen dazu bei, dass man Serifenschriften präziser definieren kann. Doch manchmal sind die Unterschiede nur sehr gering und schwer zu erkennen. Einige Schriften gehören in mehrere Kategorien, was die Einordnung noch schwerer macht. Wichtig ist, dass die Kategorien Leitlinien darstellen und zur eindeutigen Klärung von Kundenaufträgen erforderlich sind.

Old Style

Diese Antiqua-Schriften stammen aus dem 16. und 17. Jahrhundert und lösten damals die gebrochenen Schriften ab. Charakteristische Merkmale sind ihre unregelmäßige Form und die schrägen Kopfserifen, bei denen die Strichstärke kaum variiert. Sie haben meist gekehlte Serifen und einen nach links geneigten Verlauf.

ABCDEFGHIJKLMNOPQRSTUVWXYZ
abcdefghijklmnopqrstuvwxyz 1234567890

Bembo

Bembo wurde 1929 von Monotype für ein Projekt von Stanley Morison entwickelt. Sie basiert auf einem Antiqua-Schnitt von Francesco Griffo da Bologna, den Aldus Manutius 1496 für den Druck von Pietro Bembos Werk *De Aetna* verwendete. Morison modifizierte einzelne Buchstaben wie das „G" und schuf so eine gut lesbare Schrift, die sich für fast alle Zwecke eignet.

Transitional

Bei solchen Schriften ist der Kontrast zwischen dünnen und dicken Strichen etwas größer, außerdem ist die Linksneigung nicht so ausgeprägt. Charakteristisch sind die flachen oder dreieckigen Spitzen an den Schnittpunkten der Diagonalen, wie beim „W", gut zu erkennen.

ABCDEFGHIJKLMNOPQRSTUVWXYZ
abcdefghijklmnopqrstuvwxyz 1234567890

Baskerville

Diese Schrift wurde im 18. Jahrhundert von John Baskerville entwickelt. Sie ist sehr vielseitig einsetzbar, sowohl für Fließtext als auch als Display-Schrift. Bemerkenswert ist die fehlende Mittelserife beim „W" sowie das auffällige „Q".

Kunde: The Cursing Stone Project
Design: Why Not Associates und Gordon Young
Typografische Details: Zitate in Bembo, mit Sandstrahlen auf Stein übertragen

The Cursing Stone

Dieser für das Millenniumprojekt in Glasgow gefertigte Stein entstand aus einer Zusammenarbeit von Why Not Associates und dem Künstler Gordon Young. Zitate aus der Rede *Mother of all Curses*, die 1525 vom Glasgower Erzbischof Gavin Dunbar gehalten wurde, wurden in Bembo gesetzt und durch Sandstrahlen in einen 14 Tonnen schweren Steinblock übertragen.

Modern (Classicist, Empire)
Diese Schriften wurden am Ende des 18. Jahrhunderts entwickelt und sind erkennbar am starken Kontrast zwischen den dicken und dünnen Strichen sowie den flachen, oft dünnen Serifen ohne Kehlung.

ABCDEFGHIJKLMNOPQRSTUVWXYZ
abcdefghijklmnopqrstuvwxyz 1234567890

Bodoni
Die dünnen Serifen und starken Abstriche basieren auf einem Entwurf Gianbattista Bodonis aus dem 18. Jahrhundert.

Slab Serif (Egyptian)
Diese Schriften zeichnen sich durch größere, kantige Serifen aus, die stärker sind als die anderer Antiqua-Schriften. Sie werden weiter unterteilt in Clarendon und Typewriter-Schriften.

ABCDEFGHIJKLMNOPQRSTUVWXYZ
abcdefghijklmnopqrstuvwxyz 1234567890

Serifa
Serifa hat ein kompaktes Aussehen und einfache Balkenserifen, die nicht zu sehr dominieren.

Clarendon
Eine Unterkategorie von Slab Serif, bei der die Balkenserifen recht unauffällig sind.

ABCDEFGHIJKLMNOPQRSTUVWXYZ
abcdefghijklmnopqrstuvwxyz 1234567890

Century Schoolbook
Hier sind die Kontraste zwischen den dünnen und den dicken Strichen, besonders bei den Serifen, noch ausgeprägter. Der Schweif des „Q" dringt in die Punze ein, das „J" hat eine auffällige Tropfenserife.

Typewriter
Ebenfalls eine Unterkategorie von Slab Serif; hier sind die Serifen jedoch genauso breit wie der Schaft.

ABCDEFGHIJKLMNOPQRSTUVWXYZ
abcdefghijklmnopqrstuvwxyz 1234567890

American Typewriter
Hier sind die Endstriche besonders betont und erinnern an Tintentropfen der Schreibmaschinenschriften.

Typografie Klassifizierung

Kunde: Fundacío Gala-Salvador Dalí
Design: bis
Typografische Details: Bodoni mit origineller Kehlung

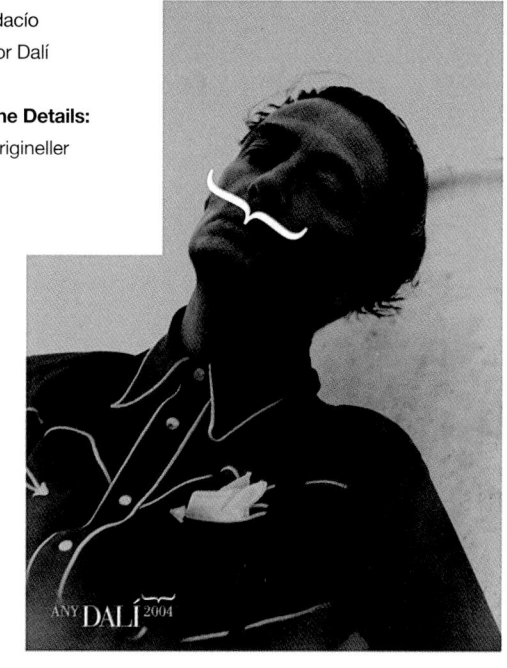

Dalí 2004

Das spanische Designstudio erhielt den Auftrag, anlässlich der Feiern zum 100. Geburtstag des Künstlers Salvador Dalí eine Art Markenzeichen zu entwerfen. Als zentrale Elemente der verschiedenen Entwürfe dienten Bilder des Surrealisten in Kombination mit der Lieblingsschrift des Künstlers – Bodoni. Auf jeder Abbildung ist Dalís Gesicht von einer gekehlten Serife überlagert, die auf perfekte Art und Weise seinen berühmten Schnurrbart imitiert.

Typografie Antiqua-Varianten

Serifen-Varianten

Es gibt viele dekorative und auffällige Serifen-Varianten, von denen die meisten in eine der folgenden Kategorien gehören. Die sehr dekorativen Serifen werden gerne für Display-Schriften verwendet, deshalb ist eine genaue Unterscheidung unerlässlich.

WEICHE SERIFEN

Cooper Black – entworfen 1921 von Oswald B. Cooper war ihrer Zeit weit voraus.
Weiche Serifen sind rund, fast „aufgebläht"; sie sind zwar undeutlich, aber trotzdem sehr charakteristisch.

SERIFEN MIT KEHLUNG

Berkeley – basiert auf California und wurde ursprünglich von Frederic Goudy für University Press entworfen.
Viele Schriften haben Serifen, bei denen die Rundung einen weichen Übergang von der Serife zum Strich bildet.

SERIFEN OHNE KEHLUNG

Memphis – geometrische Schrift von Rudolf Wolf.
Bei Schriften mit solchen Serifen ist die Strichstärke überall gleich.

BALKENSERIFEN MIT KEHLUNG

Clarendon – verwirrenderweise sowohl Schriftart (vgl. S. 44) und Font.
Balkenserifen mit Kehlung haben Serifen einheitlicher Strichstärke, die durch Rundungen „weicher" werden.

BALKENSERIFEN OHNE KEHLUNG

Egiziano Classic Antique Black – entworfen von Dennis Ortiz-Lopez.
Hier sind die Serifen sehr dick und haben keine Rundungen.

KEILFÖRMIGE SERIFEN

Meridien – ein Font von Adrian Frutiger, eine Schrift ohne gerade Striche.
Keilförmige Serifen sind dreieckig in ihrer Form.

HAARSTRICH-SERIFEN

Bodoni – ein Meisterwerk von Gianbattista Bodoni, modifiziert von Morris Fuller Benton.
Haarstrich-Serifen sind unverhältnismäßig dünn, haben aber oft dekorative Schweife, Endstriche und Fähnchen.

Peter Blake Invitation
Die Typografie auf dieser Einladung zu einer Ausstellung wurde entwickelt aus Objekten, die Peter Blake gehören – einige davon erschienen schon auf dem Albumcover für Paul Wellers „Stanley Road". Wie der Titel andeutet, geht es bei der Ausstellung um Blakes kommerzielle Kunstwerke. Die auffälligen Keilserifen betonen das außergewöhnliche Design.

Kunde: London Institute Gallery
Design: Webb & Webb
Typografische Details: typografische Zufallsobjekte statt traditioneller Zeichen; ausgeprägte Keilserife

Grotesk-Schriften

Grotesk-Schriften

Grotesk-Schriften – auch serifenlose Schriften genannt – gibt es seit mehr als 100 Jahren. Das Fehlen von Serifen ergibt zwar eine klare Buchstabenform, kann jedoch im Fließtext zu Problemen mit der Lesbarkeit führen. Viele Typografen haben daraufhin versucht, speziell für Fließtexte geeignete Grotesk-Schriften zu entwickeln. Trotzdem sind solche Schriften nur begrenzt einsetzbar und werden eher für Überschriften oder Displayfunktionen verwendet. Grotesk-Schriften haben ein „g" mit Schweif und kein doppelstöckiges „g" wie die Serifenschriften.

ABCDEFGHIJKLMNOPQRSTUVWXYZ
abcdefghijklmnopqrstuvwxyz
1234567890

ABCDEFGHIJKLMNOPQRSTUVWXYZ
abcdefghijklmnopqrstuvwxyz
1234567890

ABCDEFGHIJKLMNOPQRSTUVWXYZ
abcdefghijklmnopqrstuvwxyz
1234567890

Grotesk-Schriften
(von oben nach unten: Din, Folio, Frutiger)
Diese Beispiele verdeutlichen die unterschiedlichen Strichstärken und die Klarheit von Grotesk-Schriften. Folio und Frutiger sind kompakter im Erscheinungsbild und haben rundere Zeichen. Din ist leichter und läuft schmaler.

Kunde: Still Waters Run Deep
Design: Still Waters Run Deep
Typografische Details:
Helvetica Neue 25, Metalldruck, große Punktgröße

Still Waters Run Deep

Diese Broschüre erschien anlässlich des 10. Gründungsjubiläums des Designstudios Still Waters Run Deep. Die verwendete Helvetica Neue 25 verdeutlicht die klare Schönheit von Text in Kleinbuchstaben mit besonderen Details wie dem Endstrich beim „a". Das Konzept sieht sehr einfach aus, doch da die Buchstaben in einer großen Punktgröße gesetzt sind, sind Laufweite und Kerning (vgl. S. 94–99) weitaus wichtiger als sonst. Die Helvetica Neue 25 gehört zu einer großen Schriftfamilie (vgl. S. 62) und ist der dünnste Schnitt. Kombiniert mit Metalleffektfarben entsteht eine elegante typografische Aussage.

Typografie Grotesk-Schriften

Grotesk-Varianten

Auch wenn Grotesk-Schriften viel später als Antiqua-Schriften entstanden sind, gibt es inzwischen sehr viele unterschiedliche Schriften dieser Kategorie. Um sie besser einordnen zu können, wurden deshalb einige Unterkategorien definiert.

Die Unterschiede zwischen verschiedenen Grotesk-Schriften lassen sich sehr einfach an den Buchstaben „a", „e", „g", „G", „M", „R" und „y" sehen, wie die Beispiele unten zeigen.

Grotesque
Diese Schriften laufen schmaler als die der Kategorie Neo Grotesque und haben ein zweigeschossiges „g" (also keine Schlinge) sowie ein „G" mit Querbalken.

ABCDEFGHIJKLMNOPQRSTUVWXYZ
abcdefghijklmnopqrstuvwxyz 1234567890

Alternate Gothic No. 2
Diese Grotesk-Schrift läuft besonders schmal.

Neo Grotesque
Solche Schriften laufen etwas breiter als die der Kategorie Grotesque und haben ein „g" mit Schlinge (also kein zweigeschossiges „g") sowie ebenfalls ein „G" mit Querbalken

ABCDEFGHIJKLMNOPQRSTUVWXYZ
abcdefghijklmnopqrstuvwxyz 1234567890

Akzidenz Grotesk BQ
Diese Grotesk-Schrift hat abgerundete Striche und eine volle Form.

The Moving Picture Company (rechts)
Bei diesem vom Studio Form Design für The Moving Picture Company entworfenen Werk wird eine weiße Folie (vgl. S. 146) auf weißem Hochglanzkarton verwendet. Neben der taktilen Qualität entsteht ein sehr feiner Weiß-Weiß-Effekt, bei dem die Buchstaben erst dann zu lesen sind, wenn sich der Betrachtungswinkel und der Lichteinfall ändern. Der Text ist in Akzidenz Grotesk gesetzt und zeigt sehr deutlich die Hauptmerkmale einer Schrift der Kategorie Neo Grotesque.

Kunde:
The Moving Picture Company
Design: Form Design
Typografische Details:
Akzidenz Grotesk, weiß, Folienprägedruck auf weißem Hochglanzkarton

Typografie Grotesk-Varianten

Geometric

Einige Grotesk-Schriften und grafische Schriften (vgl. S. 58) fallen darunter. Geometrische Grotesk-Varianten sind sehr rund geformt und an den extremen Diagonalen der Buchstaben „M", „N", „V" und „W" zu erkennen. Der Schenkel des „R" setzt neben dem Stamm an der Punze an, und das „G" hat keinen ausgeprägten Balken.

ABCDEFGHIJKLMNOPQRSTUVWXYZ
abcdefghijklmnopqrstuvwxyz 1234567890

Futura BQ
Hier sind die extremen Diagonalen von „M", „N", „V" und „W" besonders gut zu erkennen; der Schenkel des „R" setzt neben dem Stamm an der Punze an und das „G" hat keinen ausgeprägten Balken.

Humanistic

Die Schriften ähneln den geometrischen Varianten, da auch sie extreme Diagonale bei den Buchstaben „M", „N", „V" und „W" haben. Auch hier setzt der Schenkel des „R" neben dem Stamm an der Punze an, auch hat das „G" keinen ausgeprägten Balken. Hier ist aber der Strichstärkenkontrast größer und das „g" ist zweigeschossig.

ABCDEFGHIJKLMNOPQRSTUVWXYZ
abcdefghijklmnopqrstuvwxyz 1234567890

Optima
Die Optima hat ein zweigeschossiges „g" und einen deutlichen Strichstärkenkontrast.

Square

Bei diesen Schriften sind die Zeichen nicht rund, sondern eher kantig. Das „g" hat einen Schweif, das „Q" hat ebenfalls einen Schweif, der in die Punze hineinragt. Das „G" hat keinen ausgeprägten Balken.

ABCDEFGHIJKLMNOPQRSTUVWXYZ
abcdefghijklmnopqrstuvwxyz 1234567890

Eurostile
Im Vergleich zu den anderen Schriften auf dieser Seite sieht die Eurostile deutlich kantiger aus.

Yauatcha (rechts)

Das vom Designstudio North für Yauatcha entwickelte Briefpapier ist in Futura SB Extra Light gesetzt mit etwas reduzierter Laufweite, um elegant und sachlich zu wirken. Auf der Rückseite des Briefpapiers ist eine abstrakte Form einer Teepflanze zu sehen, die durchscheint. Diese runde, fluoreszierende Form erzeugt den Eindruck einer Flüssigkeit und kontrastiert mit der ruhigen Anmutung der Schrift.

Kunde: Yauatcha
Design: North
Typografische Details:
Futura SB Extra Light, reduzierte Laufweite

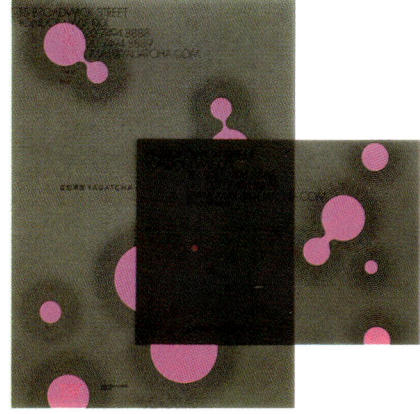

Typografie Grotesk-Varianten

Gerundete Varianten

Gerundete Varianten haben runde – keine kantigen – Endstriche, wodurch die Formen lockerer und visuell ansprechender werden. Viele dieser gerundeten Varianten basieren auf anderen Schriften (z.B. stammt die Helvetica Rounded von der Standardversion der Helvetica ab). Die gerundeten Varianten der etablierten Schriftarten wirken offener und großzügiger.

ABCDEFGHIJKLMNOPQRSTUVWXYZ
abcdefghijklmnopqrstuvwxyz 1234567890
ABCDEFGHIJKLMNOPQRSTUVWXYZ
abcdefghijklmnopqrstuvwxyz 1234567890

Helvetica Rounded
Eine gerundete Variante des Klassikers Haas Grotesk von Max Miedinger. Sie wurde später in Helvetica umbenannt (in Anlehnung an den lateinischen Namen der Schweiz). Die gerundete Variante ist eine direkte Adaption der ursprünglichen serifenlosen Form.

ABCDEFGHIJKLMNOPQRSTUVWXYZ
abcdefghijklmnopqrstuvwxyz 1234567890

Vag Rounded Black
Die VAG Rounded wurde 1979 von Adrian Williams für Volkswagen entworfen. Sie ähnelt der Helvetica Rounded, doch es gibt einige auffällige Unterschiede. Das „a" ist geometrisch, weder das „j" noch das „y" haben einen runden Endstrich, und die Grundstriche des „M" sind schräg.

ABCDEFGHIJKLMNOPQRSTUVWXYZ
abcdefghijklmnopqrstuvwxyz 1234567890

Arial Rounded Extra Bold
Eine gerundete Variante der Arial – mit runden Endstrichen wie bei der Helvetica Rounded und mit einem „G" ohne ausgeprägten Balken wie bei der Vag Rounded.

Bringing Architecture Home (rechts)
Diese Kurzinfo für Hausbesitzer über die Vorteile der Zusammenarbeit mit einem Architekten wurde als kostenloser Coverzusatz für die Zeitschrift *Elle Decoration* entworfen. Der Text ist in Vag Rounded gesetzt, denn die weichen Kanten wirken freundlich und vertraut und spiegeln den Inhalt der Broschüre wider.

Kunde: RIBA, Arts Council for England, Habitat
Design: Gavin Ambrose
Typografische Details: Vag Rounded, Kleinbuchstaben, wirken freundlich und vertraut

bringing architecture home

what an architect can do for you…

Typografie Gerundete Varianten

Schreibschriften

Schreibschriften

Einige dieser Schriften, die Handschriften imitieren, basieren auf der Handschrift einer bestimmten Person, z.B. die Schrift Pushkin. Viele haben ausgeprägte Endstriche, die die Buchstaben miteinander verbinden und sie wie echte Handschriften aussehen lassen. Solche Schriften zählen weder zu den Antiqua- noch zu den Grotesk-Schriften, weil sie viele Eigenschaften beider Kategorien in sich vereinen.

Größere Textblöcke in Schreibschrift sind sehr schwer zu lesen, deshalb werden sie meist als dekorative Details eingesetzt, etwa bei Markennamen oder Überschriften.

𝒜ℬ𝒞𝒟ℰℱ𝒢ℋℐ𝒥𝒦ℒℳ𝒩𝒪𝒫𝒬ℛ𝒮𝒯𝒰𝒱𝒲𝒳𝒴𝒵
abcdefghijklmnopqrstuvwxyz
1234567890

ABCDEFGHIJKLMNOPQRSTUVWXYZ
abcdefghijklmnopqrstuvwxyz
1234567890

ABCDEFGHIJKLMNOPQRSTUVWXYZ
abcdefghijklmnopqrstuvwxyz
1234567890

Beispiele für Schreibschriften (von oben nach unten: Flemish Script, Berthold Script, Zapf Chancery) Die Lesbarkeit einer Schreibschrift hängt stark von ihrer Ausformung ab. Flemish Script ist deutlich schwerer zu lesen als Zapf Chancery, weil die Striche viel dekorativer sind.

Kew

Zur Umsetzung der Corporate Identity der Firma setzte SEA Design den Markennamen in einer Schreibschrift, die weich, feminin, persönlich und freundlich wirkt. Auf den Tragetaschen wird der Schriftzug noch durch ein Hintergrundfoto von Richard Learoyd ergänzt.

Kunde: Kew
Design: SEA Design
Typografische Details: handgezeichnete Schrift mit einem sehr weiblichen, persönlichen Touch

Grafische Schriften

Grafische Schriften

Grafische Schriften enthalten Zeichen, die, für sich genommen, schon als grafische Abbildungen gelten könnten. Diese experimentellen Varianten gibt es in vielen Stilen mit unterschiedlicher Lesbarkeit. Meist werden solche Schriften für einen ganz speziellen Zweck entwickelt. Die Zeichen absorbieren gleichermaßen die typischen Eigenschaften des Inhalts, den sie vermitteln sollen, oder sie bilden ihn einfach ab.

Grafische Schriften können die Wirkung eines Designs verstärken. Wegen ihrer Komplexität sind sie jedoch häufig schwer lesbar und für Fließtext ungeeignet.

Grafische Schriften
(von oben nach unten: Pop Led, Dynomoe, Dr No) Diese dekorativen Schriften wirken am besten in Überschriften und Markennamen. Werden Schriften wie Pop Led und Dr No in zu großen Blöcken verwendet, muss das Auge sehr viel arbeiten, um Informationen erkennen zu können.

Typografie Klassifizierung

Kunde: Caro Communications
Design: Form Design
Typografische Details:
Schrift in Sonderanfertigung auf der Basis eines Quadrats mit abgerundeten Ecken

Caro Communications
Für die Corporate Identity der PR-Firma Caro Communications wurde ein Logo entwickelt, dessen Buchstaben auf der Basis eines Quadrats mit abgerundeten Ecken geformt wurden. Bei dieser experimentellen Schrift sind die Zeichen nur lesbar, weil sie gemeinsame Merkmale haben – das „c" und das „o" vermitteln einen ausreichenden „Code", um auch die anderen Buchstaben entziffern zu können. Alle Zusatzinformationen sind in einer serifenlosen Schrift gesetzt.

Typografie Grafische Schriften

Kunde: Shakespeare's Globe
Design: Pentagram (Angus Hyland with Charlie Hanson)
Typografische Details: Kombination historischer und moderner Schriftarten

Antony and Cleopatra
by William Shakespeare

Eine Schrift zu setzen, scheint ganz leicht zu sein. Doch die Kunst liegt darin zu wissen, wie man das gewünschte Ergebnis erzielt. Es gibt verschiedene Techniken und Strukturen, die dabei helfen, einen Text gut in Szene zu setzen. Verständnis für die Grundlagen hilft dabei, ein in sich schlüssiges Design zu erstellen, indem man die verschiedenen typografischen Elemente kontrolliert und harmonisch einsetzt. In manchen Fällen, wie etwa auf der gegenüberliegenden Seite, werden Schriftelemente sowohl wegen ihrer historischen Effekte als auch ihrer modernen Ästhetik gewählt.

Der wirkungsvolle Einsatz einer Schrift ergibt sich aus dem Grundverständnis für Schriftarten – was im vorherigen Abschnitt behandelt wurde – und der gezielten Auswahl der für die Umsetzung der Idee geeigneten Schriftart. Nur unter dieser Voraussetzung kann eine mit Bedacht und Sorgfalt gesetzte Schrift die Bedeutung eines Textes unterstreichen.

Wie schon erwähnt, muss auch die relative einfache Aufgabe der Schriftauswahl auf Information und Wissen basieren. Grafische Kommunikation ist zu einem Großteil die Summe ihrer Einzelteile – die Wahl einer Schrift kann, wie gezeigt, erhebliche Auswirkungen auf das Gesamtbild haben, doch auch die feineren Nuancen des Schriftsatzes können die Art und Weise, wie wir Botschaften wahrnehmen und interpretieren, beeinflussen.

Ein ganz bewusster Schriftsatz macht es möglich, gezielt Informationen zu vermitteln. Egal ob ein Werk eindringlich, stilvoll, historisch, anarchisch oder modern wirken soll, die Grundlagen des Schriftsatzes helfen Ihnen bei der Umsetzung.

Shakespeare's Globe

Play erschien 2003 als Dokumentation und Würdigung der ersten fünf Spielzeiten im neuen Shakespeare's Globe Theatre in London. Das von Angus Hyland und Charlie Hanson von Pentagram entworfene Buch vermittelt genau den historischen Eindruck, den man mit dem Globe Theatre verbindet. Die Schriftart Minion, die auf dem vorderen Buchdeckel, für Überschriften und Einleitungen verwendet wird, ist eine Anspielung auf die zur Zeit des ersten Globe Theatre üblichen Schriften. Dieser historische Verweis wird durch das raue, ungebleichte Papier des Buchdeckels unterstrichen.

Das neue Globe Theatre ist ein modernes Theater, was sich in der Verwendung der Helvetica Neue für den Fließtext widerspiegelt. Sie wirkt modern und unterstreicht so die Bedeutung des Theaters (und Shakespeares) für das moderne Publikum.

Schriftfamilien

Schriftfamilien

Zu einer Schriftfamilie zählen alle Varianten einer einzelnen Schriftart in sämtlichen Breiten, Stärken und Lagen. Es handelt sich hierbei um wichtige Gestaltungsmittel, die dem Grafikdesigner Optionen bieten, die gut zusammen funktionieren.

Als Beispiel für eine sehr ausgedehnte Schriftfamilie sehen Sie hier einige der zahlreichen Versionen der Gill Sans. Diese Vielfalt bietet für jeden Zweck die passende Variante von Fußnoten bis hin zu Plakaten, von Fließtext bis zu Überschriften, ohne dass man eine weitere Schriftart verwenden müsste.

ABCDEFGHIJKLMNOPQRSTUVWXYZ abcdefghijklmnopqrstuvwxyz 1234567890
ABCDEFGHIJKLMNOPQRSTUVWXYZ ABCDEFGHIJKLMNOPQRSTUVWXYZ 1234567890
ABCDEFGHIJKLMNOPQRSTUVWXYZ abcdefghijklmnopqrstuvwxyz 1234567890
ABCDEFGHIJKLMNOPQRSTUVWXYZ abcdefghijklmnopqrstuvwxyz 1234567890
ABCDEFGHIJKLMNOPQRSTUVWXYZ abcdefghijklmnopqrstuvwxyz 1234567890
ABCDEFGHIJKLMNOPQRSTUVWXYZ abcdefghijklmnopqrstuvwxyz 1234567890
ABCDEFGHIJKLMNOPQRSTUVWXYZ abcdefghijklmnopqrstuvwxyz 1234567890
ABCDEFGHIJKLMNOPQRSTUVWXYZ ABCDEFGHIJKLMNOPQRSTUVWXYZ 1234567890
ABCDEFGHIJKLMNOPQRSTUVWXYZ abcdefghijklmnopqrstuvwxyz 1234567890
ABCDEFGHIJKLMNOPQRSTUVWXYZ abcdefghijklmnopqrstuvwxyz 1234567890
ABCDEFGHIJKLMNOPQRSTUVWXYZ abcdefghijklmnopqrstuvwxyz 1234567890
ABCDEFGHIJKLMNOPQRSTUVWXYZ abcdefghijklmnopqrstuvwxyz 1234567890
ABCDEFGHIJKLMNOPQRSTUVWXYZ ABCDEFGHIJKLMNOPQRSTUVWXYZ 1234567890
ABCDEFGHIJKLMNOPQRSTUVWXYZ abcdefghijklmnopqrstuvwxyz 1234567890
ABCDEFGHIJKLMNOPQRSTUVWXYZ abcdefghijklmnopqrstuvwxyz 1234567890
ABCDEFGHIJKLMNOPQRSTUVWXYZ abcdefghijklmnopqrstuvwxyz 1234567890
ABCDEFGHIJKLMNOPQRSTUVWXYZ ABCDEFGHIJKLMNOPQRSTUVWXYZ 1234567890
ABCDEFGHIJKLMNOPQRSTUVWXYZ abcdefghijklmnopqrstuvwxyz 1234567890
ABCDEFGHIJKLMNOPQRSTUVWXYZ abcdefghijklmnopqrstuvwxyz 1234567890
ABCDEFGHIJKLMNOPQRSTUVWXYZ abcdefghijklmnopqrstuvwxyz 1234567890
ABCDEFGHIJKLMNOPQRSTUVWXYZ abcdefghijklmnopqrstuvwxyz 1234567890

Gill Sans

Alle oben aufgeführten Schriftschnitte gehören zu der von Eric Gill in den 1920er Jahren entwickelten Gill Sans, einer serifenlosen Schriftfamilie, die auf der in der Londoner U-Bahn verwendeten Schrift basiert. Es gibt zahlreiche Zeichen- und Ziffernvarianten. Das Benennungssystem ist etwas verwirrend: Zuerst kommt Gill Sans Light, dann Gill Sans Light Small Caps, Gill Sans Light Italic und Gill Sans Light Italic Old Style Figures; als Nächstes folgen die verschiedenen Book-Varianten, dann Bold, Black, Heavy und Ultra, jeweils auch in den Varianten Small Capital und Italic.

Die Verwirrung bei der Benennung von Schriftfamilien lichtet sich jedoch, wenn die unterschiedlichen Schriftschnitte in einem Raster angeordnet werden und nicht, wie üblich, untereinander. Hier sind vier Untergruppen aufgeführt: Sans-Serif, Semi-Sans, Semi-Serif und Serif. Die ersten beiden eignen sich eher für Fließtext und sind in mehr Schnitten verfügbar als die zweiten, die eher für Displayzwecke verwendet werden und deshalb in weniger Schnitten vorliegen.

Sans-Serif	Semi-Sans	Semi-Serif	Serif
Rotis Sans-Serif Light	Rotis Semi-Sans Light		
Rotis Sans-Serif Light Italic	*Rotis Semi-Sans Light Italic*		
Rotis Sans-Serif Regular	Rotis Semi-Sans Regular	Rotis Semi-Serif Regular	Rotis Serif Regular
Rotis Sans-Serif Italic	*Rotis Semi-Sans Italic*		*Rotis Serif Italic*
Rotis Sans-Serif Bold	**Rotis Semi-Sans Bold**	**Rotis Semi-Serif Bold**	**Rotis Serif Bold**
Rotis Sans-Serif Extra Bold	**Rotis Semi-Sans Extra Bold**		

Rotis

Die Schriftfamilie Rotis stammt aus dem Jahr 1989. Es gibt sie mit und ohne Serifen und in unterschiedlichen Kombinationen. Zu ihr gehören auch eine Reihe von Stärken wie Light, Regular, Bold und Black. Rotis verkörpert einen aktuellen Trend in der Schriftgestaltung, nämlich eine Schrift sowohl mit als auch ohne Serifen zu entwickeln und auch Kombinationen der beiden Varianten anzufertigen, denn dadurch entsteht mehr Flexibilität. Besonders die Variante Semi-Sans ist sehr gut lesbar (wie eine Antiqua), sieht aber nüchterner aus (wie eine Grotesk).

Stone Sans

STONE SANS REGULAR
STONE SANS ITALIC
STONE SANS SEMI-BOLD
STONE SANS SEMI-BOLD ITALIC
STONE SANS BOLD
STONE SANS BOLD ITALIC

Stone Serif

STONE SERIF REGULAR
STONE SERIF ITALIC
STONE SERIF SEMI-BOLD
STONE SERIF SEMI-BOLD ITALIC
STONE SERIF BOLD
STONE SERIF BOLD ITALIC

Stone Informal

STONE INFORMAL REGULAR
STONE INFORMAL ITALIC
STONE INFORMAL SEMI-BOLD
STONE INFORMAL SEMI-BOLD ITALIC
STONE INFORMAL BOLD
STONE INFORMAL BOLD ITALIC

Stone

Die große Schriftfamilie Stone stammt von Sumner Stone und ist unterteilt in die Gruppen Serif, Sans-Serif und Informal. Es gibt jeweils eine Version Roman und Italic mit den Stärken Medium, Semibold und Bold. Die Variante Informal ist eine Mischung aus Zeichen mit und ohne Serifen.

Adrian Frutiger ist in der Welt der Typografen vor allem für seinen Klassifizierungsraster bekannt, mit dem er die Beziehungen zwischen verschiedenen Stärken und Breiten seiner Schrift Univers darstellt.

			53	63	73	83
			54	64	74	84
		45	55	65	75	85
		46	56	66	76	86
		47	57	67		
		48	58	68		
	39	49	59			

Univers

Adrian Frutiger gestaltete die Schriftfamilie Univers im Jahr 1951. Ein Schlüssel für den Erfolg war das Nummerierungssystem, das Frutiger entwickelte, um die Beziehungen zwischen den Stärken und Breiten der ursprünglich 21 Schnitte zu zeigen. Es ist auch unter dem Namen „Frutiger-Raster" bekannt. Die erste Zahl bezieht sich jeweils auf die Stärke – drei ist am leichtesten, acht am stärksten. Die zweite Zahl gibt die Breite an – drei läuft am breitesten, neun am schmalsten. Gerade Zahlen bezeichnen den Normalschnitt, ungerade den Kursivschnitt.

Glypha 45   Glypha 57   **Glypha 75**

Glypha

Adrian Frutiger entwarf die Serifenschrift Glypha im Jahr 1977. Das Nummerierungssystem entspricht der Univers.

Frutiger 45   Frutiger 45   **Frutiger 45**

Frutiger

Adrian Frutiger entwarf die Frutiger 1975 für den Charles de Gaulle International Airport in Paris. Die Schrift fällt in die Kategorie serifenlose „Humanist" und verwendet dasselbe Nummerierungssystem wie die Univers.

Helvetica Neue 25   **Helvetica Neue 53**   Helvetica Neue 39

Helvetica Neue

Die Helvetica Neue wurde u.a. von Max Miedinger in der Haas'schen Schriftgießerei entwickelt, indem die Buchstabenformen der Helvetica für das Linotype-System modifiziert wurden. 1983 wurde die Schrift von David Stempel überarbeitet und digitalisiert, woraus eine eigene Schriftfamilie entstand, die heute 51 Schnitte umfasst.

Für ein klares und einheitliches Gesamtbild beschränken sich viele Grafikdesigner auf die Verwendung von nur zwei Schnitten aus einer Schriftfamilie, denn das reicht aus, um eine typografische Hierarchie ohne unnötige Ablenkungen zu schaffen.

Typografische Hierarchie

Eine typografische Hierarchie lässt sich mit zwei Schriftschnitten aus einer Schriftfamilie erreichen. Hier ist die Überschrift in Helvetica Bold 75 gesetzt, der Text in Helvetica Roman 55. Der sichtbare Unterschied zwischen beiden Schnitten ist groß genug, trotzdem nimmt man sie als Einheit wahr.

Typografische Harmonie

Eine typografische Harmonie lässt sich nicht erreichen, wenn der Unterschied zwischen den Schnitten zu groß ist. Hier drängt die kompakte, dunkle Helvetica Black 95 der Überschrift die leichte Helvetica Ultra Light 25 des Textes zu sehr in den Hintergrund.

Typografischer Unterschied

Ein typografischer Unterschied lässt sich nicht mehr wahrnehmen, wenn man zwei Schriftschnitte verwendet, die im Raster direkt nebeneinander liegen. Hier ist die Überschrift in Helvetica Bold 85 gesetzt, der Text selbst in Helvetica Bold 75. Diese Schnitte lassen sich kaum voneinander unterscheiden.

Schriften mischen

Man kann ein Werk natürlich mit nur einer Schrift gestalten, doch meist werden Schriften gemischt. Verwendet man zwei oder mehr Schriften, lässt sich problemlos eine Hierarchie erzeugen, die die Navigation durch ein Werk erheblich erleichtern kann.

Es gibt keine festen Regeln dafür, wie viele oder welche Schriften man verwenden soll. Bei manchen Aufträgen wird eine größere typografische Vielfalt mit sehr unterschiedlichen Schriftarten gewünscht, bei anderen werden nur Fußnoten oder Marginalien in einer zweiten Schriftart gesetzt. Die folgenden allgemeinen Hinweise können hier hilfreich sein.

Besondere Schriftarten für Überschriften[†]
Der Fließtext wird dann in einer passenden Schrift gesetzt. Oft ist eine Schrift eine Antiqua, die andere eine Grotesk[††].

Flexible Schriftarten sind wichtig[1].

[†] Souvenir
[††] Helvetica Roman 55
[1] Häufig wird eine andere Variante der Fließtextschrift für Fußnoten und Marginalien verwendet. Hier ist es die Helvetica Italic 56.

Das geht auch anders[†],
solange sich Überschrift und Fließtext deutlich unterscheiden[††].

[†] Impact
[††] Bembo

Sind die Schriften zu ähnlich[†],
fällt der Unterschied zwischen den beiden nicht mehr ins Auge[††].

[†] Swiss
[††] Akzidenz Grotesk

Kunde: Haunch of Venison
Design: Spin
Typografische Details:
spezieller Effekt durch vertauschte Schrifthierarchie

Animals

Dieser Katalog gehört zu einer Ausstellung von Werken zeitgenössischer Künstler zum Thema Tiere. In der kleineren, eingeklebten Broschüre mit Essays und Biografien werden unterschiedliche Schriften verwendet: Georgia Animals (eine Variante der Systemschrift Georgia), Letter Gothic Animals (auch eine Variante der ursprünglichen Schrift) sowie Letter Gothic MT. Um einen zusätzlichen Effekt zu erzielen, wurde in mehreren Abschnitten die Schrifthierarchie vertauscht. So wird z.B. bei den Essays Letter Gothic für die Überschriften verwendet, Georgia Animals für den Fließtext. Bei den Biografien sind die Überschriften in Georgia Animals kursiv gesetzt, während für den Fließtext Letter Gothic verwendet wird.

Typografie Schriften mischen

Texthierarchie

Texthierarchie
Die Texthierarchie ist ein logischer und visueller Wegweiser durch ein Werk, mit dem sich die verschiedenen Überschriften organisieren lassen. Durch unterschiedliche Punktgrößen und Schriftschnitte wird die Bedeutung des jeweiligen Abschnitts hervorgehoben. Ein zu kompliziertes Hierarchiesystem kann jedoch ablenkend wirken und die visuelle Harmonie stören.

Dieses Werk, das die Corporate Identity von „The Climate Group" fördern soll, ist in zwei Broschüren aufgeteilt. Die kleinere (hier abgebildet) enthält eine Reihe leicht eingängiger Statements. Die minimale Typografie und Farbwahl passen sehr gut zum etwas undurchsichtigen Inhalt. Der größere Teil (gegenüberliegende Seite) bringt mehr Details, verwendet aber dabei einen ähnlichen Präsentationsstil, wodurch die Ausdruckskraft der sehr schlichten Typografie des kleineren Werks noch unterstrichen wird.

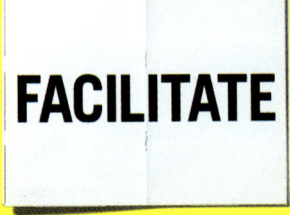
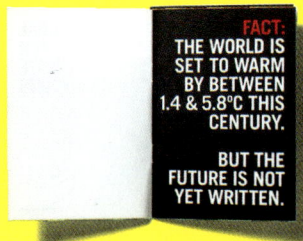

The Climate Group (oben und rechts)
Diese Corporate Identity für „The Climate Group" ist ein Versuch, weltweite Aktivitäten von Regierungen und Firmen zu veranschaulichen, die sich mit der Herausforderung des globalen Klimawandels beschäftigen. Überschriften sind in derselben serifenlosen Schrift in Versalien und gleicher (oder kleinerer) Punktgröße gesetzt wie der Fließtext, der sich durch den effektiven Einsatz von Farbe abhebt.

Kunde: The Climate Group
Design: Browns
Typografische Details: einfache Texthierarchie durch Farbgebung

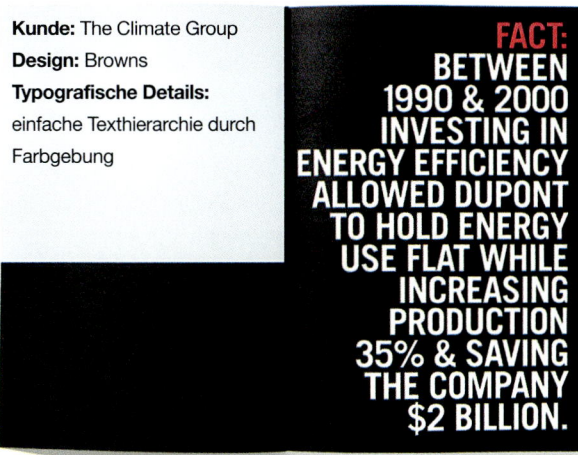

Überschrift 1
Die Hauptüberschrift wird für den Titel eines Werks verwendet. Sie ist in der größten Punktgröße gesetzt – hier 14 p fett – und unterstreicht so ihre Bedeutung.

Überschrift 2
Die Nebenüberschrift hat eine kleinere Punktgröße als die Hauptüberschrift – hier 12 p – und ist größer als der Fließtext. Sie wird meist für Kapitelüberschriften verwendet.

Überschrift 3
Diese Überschrift kann dieselbe Punktgröße wie der Fließtext haben, könnte sich aber durch eine kursive Lage oder einen fetten Schnitt unterscheiden.

Überschrift 1
Fett, gesperrt

Überschrift 2
Normal, gesperrt

Überschrift 3 wie Fließtext, kursiv, nicht gesperrt

Überschrift 1
Fett, gesperrt

ÜBERSCHRIFT 2
Kapitälchen

Überschrift 3 wie Fließtext, kursiv, nicht gesperrt

Überschrift 1
Farbe und Schriftgrad anders als beim Fließtext

Überschrift 2
Farbe und Schriftgrad anders, aber gleiche Stärke wie Fließtext

Überschrift 3 Farbe anders, Punktgröße und Stärke gleich

Anordnung

Anordnung
Unterschiedliche Anordnung von Text kann die Lesbarkeit beeinträchtigen, Gefühle vermitteln, in Verbindung mit grafischen Elementen diese betonen oder ein einzigartiges Gefühl Atmosphäre schaffen.

Wie ein Text gesetzt und wie er angeordnet ist, kann in hohem Maße beeinflussen, wie leicht er lesbar ist und welcher Teil dem Leser zuerst ins Auge springt. Dieser Standardabsatz ist mit 10-p-Schrift und 10 p Zeilenabstand gesetzt.

Text 10 p auf 10 p gesetzt

    Dieser zweite Abschnitt hat einen Einzug von 5 mm, was den Blick des Lesers auf den Absatzbeginn lenkt.

Text 10 p auf 10 p gesetzt, zusätzlich 5 mm Einzug.

Dieser dritte Abschnitt zeigt deutlich, wo der Absatz endet.
Für mehr Aufmerksamkeit kann der Abstand zwischen den Zeilen verändert werden (hier +2 p), jedoch nicht mehr als ein regulärer Zeilenabstand mit Absatzschaltung.

Text 10 p auf 10 p gesetzt, zusätzlich 2 mm Abstand nach dem ersten Absatz.

"Mit nicht hängenden Interpunktionszeichen sieht der Text aus, als wäre er leicht versetzt oder hätte einen Einzug; das kann stören."

Dieser Abschnitt zeigt nicht hängende Anführungszeichen …

„Mit hängenden Interpunktionszeichen wirkt der Text wie ein einziger kompakter Block."

… und hier sind hängende Anführungszeichen zu sehen.

Für den Titel ist eine andere Punktgröße nicht erforderlich. Eine fette Variante der Schrift bietet ausreichend Unterschied zum Fließtext.

Hier drückt eine Hierarchie die unterschiedliche Bedeutung aus.

    Die grauen Balken zeigen den Zeilenabstand, der vom linken bis zum rechten Rand des Textblocks gemessen wird; bis dorthin kann eine linksbündig ausgerichtete Textzeile reichen.

Schriftgrad 10 p mit größerem Zeilenabstand (14 p) erzeugt zwischen den Zeilen mehr Platz.

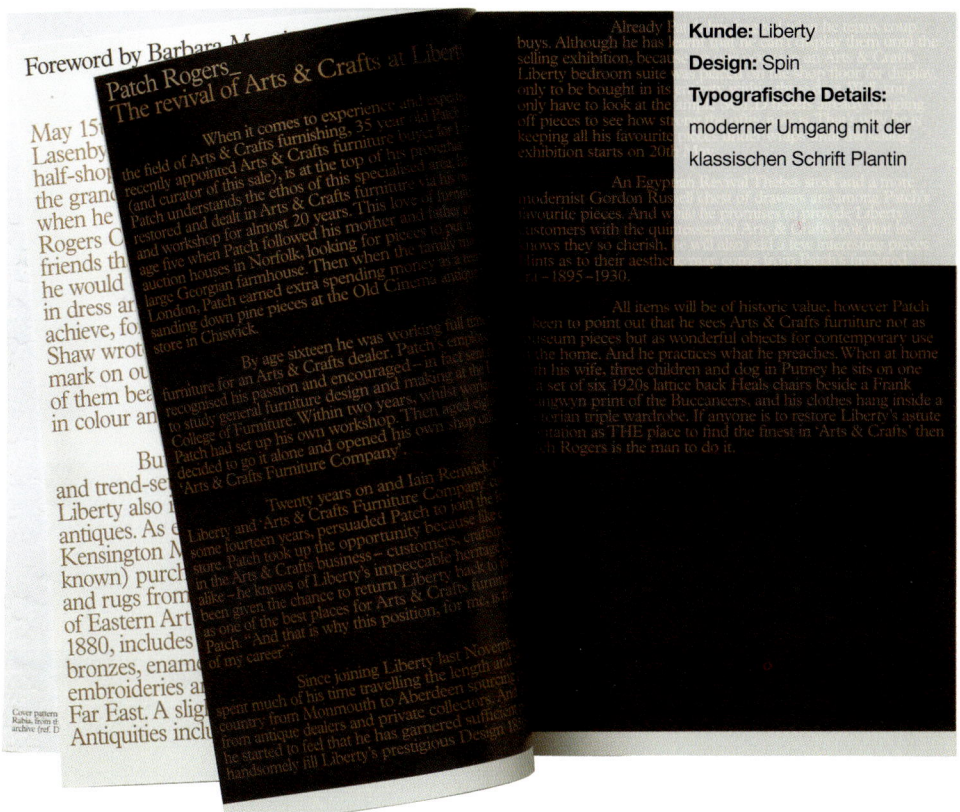

Liberty

Der Katalog zeigt, dass sich eine moderne Anmutung auch mit klassischen Schriften, wie z.B. der Plantin, erreichen lässt, wenn man sie kreativ einsetzt. Hier vermitteln Einzug, Zeilenabstand und Farbe ein elegantes, modernes Bild. Weitere Neuerungen sind das Unterstreichen des Autorennamens und die Verwendung eines Einzugs, der weiter rechts beginnt als üblich. Das Beispiel hier hat sehr klassische Proportionen.

Einzüge

Ein Einzug ist ein Leerraum zwischen dem linken Rand und dem Anfang eines Textblocks. Absätze werden gerne eingerückt, um dem Auge des Lesers den Einstieg zu erleichtern. Der Einzugsabstand lässt sich auf unterschiedliche Art und Weise festlegen, doch meist geschieht dies, wenn auch die Layoutgrundlagen festgelegt werden, die für den gesamten Text gelten.

Textblöcke lassen sich auf einer Seite unterschiedlich ausrichten wie hier gezeigt. Dadurch können sie eine harmonische Verbindung mit anderen Elementen eingehen. Größere Textblöcke, die nicht linksbündig oder im Blocksatz ausgerichtet sind, sind meist schwer lesbar, weil das Auge die Führung verliert.

                            Ein rechtsbündiger Block kann
                 lesbar sein, weil der Ausgangspunkt
                                   immer anders liegt.   Rechtsbündig, Flattersatz links

Linksbündiger Text ist die Norm. So   Linksbündig, Flattersatz rechts
lässt er sich am leichtesten lesen, weil jede Zeile
links außen beginnt.

         Fließtext wird normalerweise nicht zentriert,   Zentriert
                weil der Ausgangspunkt immer
        anders liegt. Oft werden Überschriften
                   und Zitate zentriert.

Text im Blocksatz hat gerade Seitenlinien. Zwischen den   Blocksatz
Wörtern entstehen manchmal größere Abstände, weil
die Zeilen gleichmäßig gefüllt werden, wie in der zweiten
Zeile gezeigt.

Die ungewöhnlichen Wortabstände im Blocksatz sind leichter zu erkennen, wenn man den Text auf den Kopf stellt. So kann man ihn nicht lesen, und die Abstände fallen sofort auf.

ʇxǝʇ ɯnɹǝɥ ƃıʇɥɔıɹ uɥı uɐɯ uuǝʍ 'sʞɔolq
-ʇxǝ⊥ uǝqlǝsǝp ǝlıǝZ uǝʇʇıɹp ɹǝp uı ǝıp slɐ ɟnɐ ɹǝɥǝ uǝllɐɟ
sǝʇxǝ⊥ uǝʇɥǝɹpǝƃɯn sǝp ǝlıǝZ uǝʇıǝʍz ɹǝp uı ǝpuɐʇsq∀ ǝıp

Die Abstände in der zweiten Zeile des umgedrehten Textes fallen eher auf als die in der dritten Zeile desselben Textblocks, wenn man ihn richtig herum liest.

Kunde: Canongate Books
Design: Pentagram
(Angus Hyland)
Typografische Details:
Helvetica kursiv, Kapitälchen,
verschiedene Punktgrößen

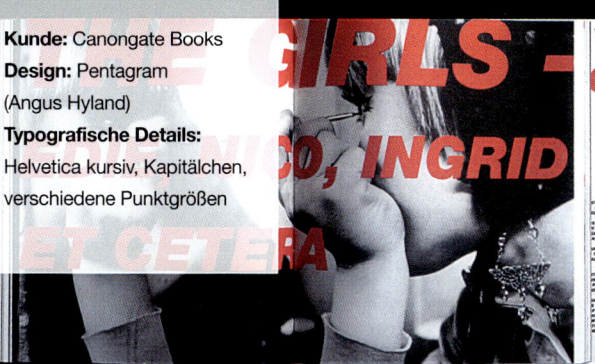
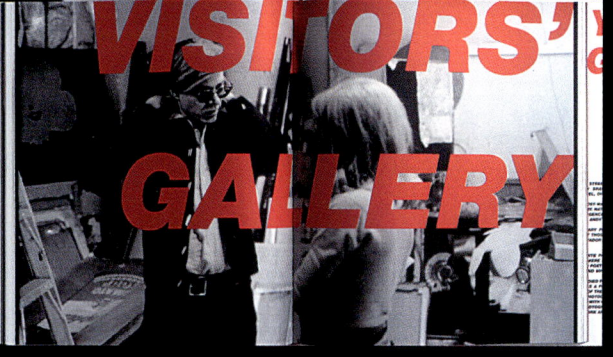
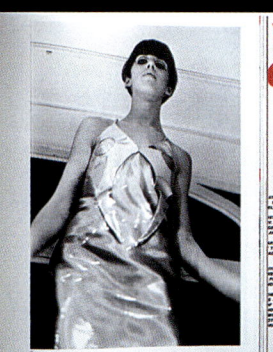

Andy Warhol: The Factory Years

Angus Hyland, Partner bei Pentagram, hat dieses Design für *Andy Warhol: The Factory Years 1964–67* für Canongate Books entworfen. Der Band präsentiert Bilder und Texte des New Yorker Fotografen Nat Finkelstein, der über zwei Jahre lang der inoffizielle Fotograf in „The Factory" war.

Der Text, der Finkelsteins Erinnerungen und Notizen wiedergibt, ist in einer serifenlosen Helvetica gesetzt, und zwar in kursiven Kapitälchen. Die Punktgröße ändert sich mehrmals im gesamten Werk, um die Hektik zu symbolisieren, die dem Text zugrunde liegt.

Ziffern

Es gibt zwei Arten von Ziffern: Mediävalziffern (Minuskelziffern) und Versalziffern. Versalziffern sind an der Grundlinie ausgerichtet und haben alle dieselbe Höhe; für Mediävalziffern gilt das nicht, weshalb sie schwer lesbar sein können.

Bei den Versalziffern sind alle Ziffern gleich hoch und gleich breit, wodurch bei manchen Ziffernkombinationen zu viel Leerraum entsteht und ein Unterschneiden (Kerning) erforderlich wird, besonders nach der Ziffer „1".

Versalziffern

Ziffern, besonders wenn sie als Versalziffern im Fließtext vorkommen – z.B. 5.452,16 –, erscheinen im Vergleich zu Mediävalziffern übermäßig groß. Da diese Ziffern die komplette Versalhöhe aufweisen, fallen sie im Fließtext meist zu sehr auf.

Mediävalziffern

Mediävalziffern – 5.452,16 – sind proportional zu Kleinbuchstaben. Die Ziffern 6 und 8 sitzen auf der Grundlinie und erreichen Versalhöhe, während die 1, 2 und 0, die ebenfalls auf der Grundlinie sitzen, nur die Mittellänge erreichen.

Die restlichen Ziffern, 3, 4, 5, 7 und 9, haben Unterlängen, die sie im Erscheinungsbild dem Fließtext anpassen.

Ziffern in Kapitälchen

Auch die Kapitälchen-Varianten der Schriften haben Mediävalziffern – 5.452,16 –, damit sich die Ziffern in den Text einpassen.

Falsche Kapitälchen (wie die hier gezeigten) führen nicht selten zu Ziffern und Interpunktionszeichen, die überproportional gross erscheinen – 5.452,16.

Versalziffern mit Serifen

1234567890

Mediävalziffern mit Serifen

1234567890

Sabon (oben), Sabon Bold (unten)
Sabon ist eine Serifenschrift, bei der es sowohl Versal- als auch Mediävalziffern gibt.

Die Unterschiede zwischen den beiden Ziffern-Varianten scheinen recht gering zu sein, doch können sie die Lesbarkeit und Anmutung von numerischen Daten enorm beeinflussen. Auch wenn für die Auswahl von Ziffern keine festen Regeln existieren, gibt die allgemeine Typografie eines Werkes gewisse Einschränkungen vor.

Serifenlose Schriften haben normalerweise nur Versalziffern, während Schriften mit Serifen sowohl Versal- als auch Mediävalziffern aufweisen. Zwar gibt es Ausnahmen (siehe unten), doch manche Varianten sind dann nur in bestimmten Stärken verfügbar.

Allgemein gilt, dass Versalziffern besser für Tabellen geeignet sind, weil sie keine Ober- und Unterlängen haben, die das Auge ablenken würden. Mediävalziffern eignen sich besser für Fließtext, weil Größe und Stellung mit den Proportionen der Kleinbuchstaben harmonieren.

Versalziffern ohne Serifen

1234567890

Mediävalziffern ohne Serifen

1234567890

Akzidenz Grotesk BE (oben), Akzidenz Grotesk BE Light (unten)
Akzidenz Grotesk ist eine serifenlose Schrift mit Versal- und Mediävalziffern.

Beim Satz kommt es immer auf Entscheidungen an. Guter Satz zeichnet sich durch die richtigen Entscheidungen aus. Schon der Satz einer Spalte mit Zahlen muss gut durchdacht sein. Wie bei vielen anderen Beispielen auch hängt der Erfolg des Designs davon ab, ob der Sinn und Zweck des Auftrags voll erfasst wurde. Jedes der unten gezeigten Beispiele für die Anordnung von Ziffern hat seine Vor- und Nachteile.

Rechtsbündige Ausrichtung
Die Ziffern richten sich in diesem Fall nur dann korrekt aus, wenn sie vor und nach dem Dezimalzeichen gleich viele Stellen haben. Zusätzliche Zeichen, wie Sternchen, Kreuze oder Doppelkreuze, schieben die Zeichen nach links. Dadurch richten sich die Ziffern vertikal sehr unregelmäßig aus, und die Lesbarkeit wird beeinträchtigt.

£12.50
221.73***†‡
124.76
£358.99

Dieses System bietet sich an, wenn es auf die Spaltenform ankommt, d.h., wenn kein Zeichen über den rechten Spaltenrand hinausragen darf.

Ausrichtung am Dezimalzeichen
Spalten mit Ziffern sind meist unregelmäßig, was mit der Ausrichtung am Dezimalzeichen ausgeglichen werden kann. Wenn, wie hier, am £-Zeichen und am Dezimalzeichen ausgerichtet wird, stehen alle Ziffern korrekt untereinander, und zusätzliche Zeichen erscheinen rechts von der Spalte. Diese Ziffern sind jedoch nicht alle gleich breit, weswegen die schmale „1" zu Verschiebungen führt.

£   12.50
    221.73***†‡
    124.76
£   358.99

Dieses System bietet sich an, wenn zu den Daten noch ausführliche Fußnoten kommen.

Nichtproportionale Ziffern
Bei nichtproportionalen Ziffern nimmt jede Ziffer und jedes Zeichen denselben Platz ein, und alles steht automatisch korrekt untereinander. Rechts wird deutlich, dass die „1" und die „7" zwar nicht gleich breit sind, aber trotzdem den gleichen Platz einnehmen.

£   12.50
    221.73*
    124.76
£   358.99

Dieses System bietet sich an, wenn zu den Daten noch ausführliche Fußnoten kommen.

Typografie Satz

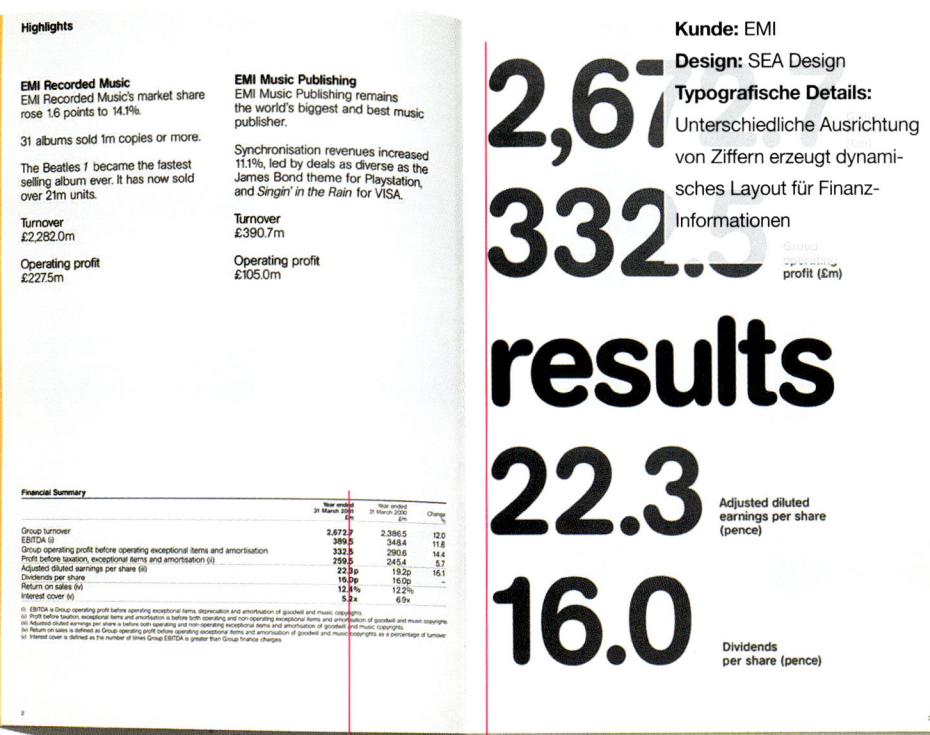

Dezimalausrichtung

Diese Ziffern sind am Dezimalzeichen ausgerichtet, wodurch zusätzliche Symbole möglich sind, ohne die natürliche vertikale Harmonie zu stören.

Ausrichtung links

Hier sind alle Zeichen linksbündig ausgerichtet; die dazugehörige Information wird jeweils rechts in einer kleineren Punktgröße angeführt. Dieses Design ist zwar unkonventionell, betont aber das klare und dynamische Layout und die Bedeutung der Zahlen.

EMI

Bei Jahresberichten und Finanzunterlagen ist es wichtig, wie Ziffern gesetzt sind. Dieser von SEA Design für EMI erstellte Jahresbericht nutzt unterschiedliche Ausrichtungen für ein spannendes Design, das sich auf eine klare Präsentation von Zahlen konzentriert. Das Cover dieser Broschüre ist auf S. 127 abgebildet.

Tabellenformat

Der Begriff „Tabellenformat" bezieht sich auf alle Daten, die als Tabelle präsentiert werden. Dabei kann es sich sowohl um große Zahlenmengen handeln, wie bei Statistiken und Firmenberichten, als auch um Textinhalte.

Initialen

Initialen

Unter einer Initiale versteht man einen oft mehrere Zeilen umfassenden Versalbuchstaben am Anfang eines Absatzes, der mit der ersten Zeile registerhaltig gesetzt ist. Die Initiale kann als schmückendes Element ausgeführt sein, wie in mittelalterlichen Handschriften, oder als einfacheres Element, in den Fließtext eingebettet ist.

Initialen wirken wie ein optischer Anker, der je nach Punktgröße und Zeilenhöhe das Aussehen des Textes enorm beeinflussen kann.

ie Initiale wird im Text nicht wiederholt. Deshalb sollte man dafür nach Möglichkeit kein Wort verwenden, das ohne den ersten Buchstaben auch einen Sinn ergibt. Aus „She" wird z. B. „S he". Auch ein nur zweibuchstabiges Wort sollte man dafür nicht verwenden. Theoretisch kann eine Initiale eine beliebige Zeilenhöhe haben, doch man sollte die Höhe des gesamten Textblocks in Betracht ziehen, um die Balance nicht zu stören.

weniger üblich sind herausgestellte Initialen. Sie sitzen auf derselben Grundlinie wie der Fließtext, der jedoch nicht daneben, sondern darunter angeordnet ist. In diesem Fall muss der Text ausreichend unterschnitten werden, damit die typografische Balance gewahrt wird.

Kunde: The Logan Collection
Design: Aufuldish + Warinner
Typografische Details:
große, grüne Versalie mit Serifenkehlung, überdruckt mit Fließtext

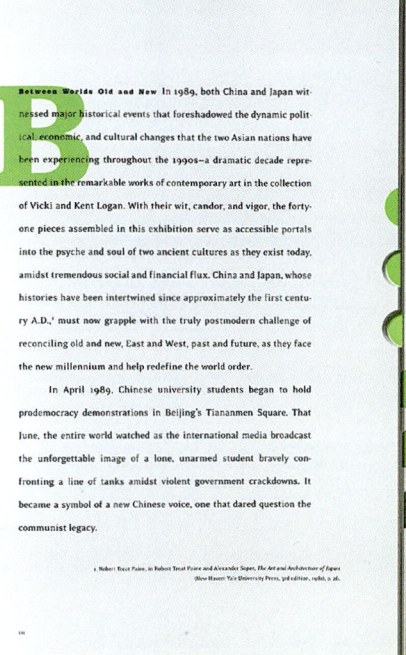

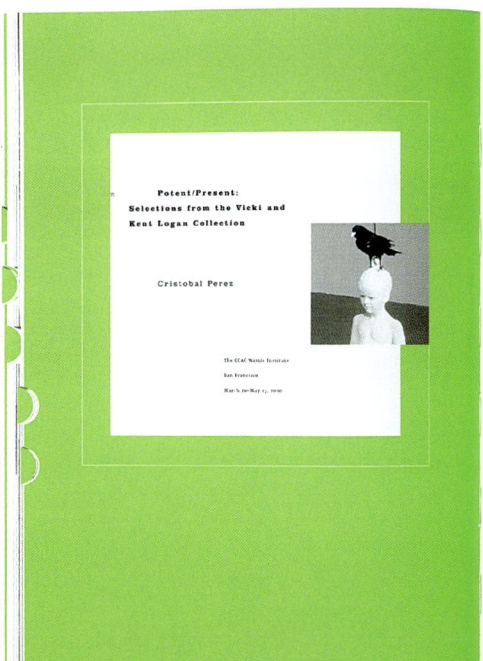

The Logan Collection

Dieser Katalog wurde von „The Logan Collection" in Vale, Colorado, USA, anlässlich des zehnten Jubiläums der Sammlung zeitgenössischer Kunst herausgegeben. Gezeigt werden Essays und Installations-Fotografien aus Werken der Sammlung. Aufuldish + Warinner überdruckten große, grüne, gekehlte Versalien mit dem Fließtext und initiierten so Initialen, um einen Fokus auf den Textseiten zu erzeugen. Auch wenn die Versalien überdruckt sind, fungieren sie als Anker für das Auge zu Beginn eines Textblocks.

Typografie Initialen

Sonderzeichen

Sonderzeichen
Buchstaben und Ziffern allein reichen nicht aus, um große Mengen an Textinformationen zu strukturieren, phonetische Betonungen zu verdeutlichen oder sonstige Ideen und Konzepte zu vermitteln.

Aus diesem Grund gibt es Sonderzeichen. Mit Interpunktionszeichen lassen sich Inhalte qualifizieren, quantifizieren und organisieren; mit Akzenten kann man zeigen, wo eine Silbe betont wird und wie sie sich anhört; und Piktogramme vermitteln Informationen ganz kurz und prägnant. Die Auswahl unten zeigt die wichtigsten Sonderzeichen, die man verwenden kann; daneben gibt es noch viele weitere.

Nicht alle Schriftarten sind gleich
Die meisten Schriftarten sind mit Interpunktionszeichen und anderen Sonderzeichen ausgestattet, oft aber nicht mit einem vollen Satz beider Zeichen. Da grafische Schriften oft weniger Sonderzeichen haben, sollte man sich gründlich informieren, ehe man eine solche Schrift für einen bestimmten Zweck auswählt. Zusätzliche Zeichen sind vielleicht nicht immer erforderlich, aber ein reduzierter Zeichensatz könnte zu Problemen führen. Pump (unten) hat nur begrenzt Sonderzeichen, während Centaur (ganz unten) einen vollen Satz Sonderzeichen aufweist, einschließlich Kapitälchen und Schwungbuchstaben.

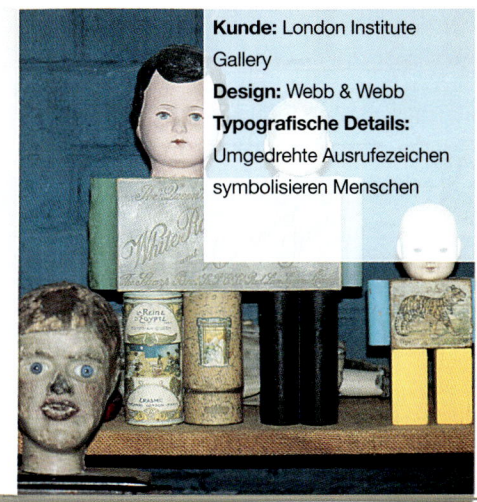

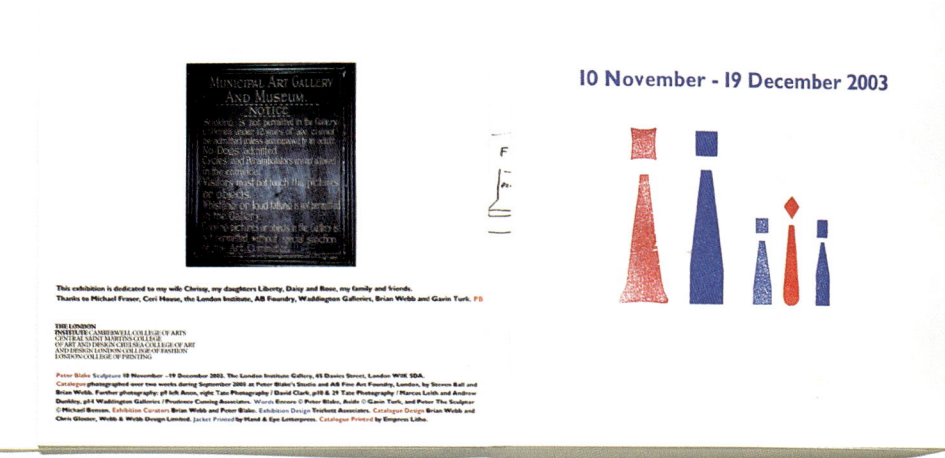

London Institute Gallery

Webb & Webb erstellten diesen Führer für eine Ausstellung von Werken des Bildhauers Peter Blake in der London Institute Gallery. In der Broschüre symbolisieren umgedrehte Ausrufezeichen die Form von Blakes Skulpturen. Sie ähneln Menschen und spiegeln individuelle Persönlichkeiten und – durch den Holzdruck – auch unterschiedliche Strukturen wider. Die Familie der Ausrufezeichen wächst von Seite zu Seite, von ursprünglich zwei Familienmitgliedern auf vier etc.

Ligaturen

Ligaturen
Bei einer Ligatur werden zwei oder drei Einzelbuchstaben zu einer Einheit verbunden. So vermeidet man die Interferenzen, die sich bei bestimmten Buchstabenkombinationen sonst ergeben würden. Je nach Buchstaben entstehen Ligaturen entweder durch Verlängerung des Querbalkens oder durch Verbindung von Oberlängen.

Der Begriff „Ligatur" kommt vom lateinischen Wort „ligare", verbinden. Mit einer Ligatur kann auch ein bestimmter Laut dargestellt werden, z.B. der Diphthong Æ in Versalien. Interessanterweise ist auch das &-Zeichen aus einer Ligatur entstanden, nämlich des lateinischen Wortes „et", das „und" bedeutet.

Kombination von Minuskeln
Die Oberlänge des „f" und die Kopfserife eines nachfolgenden Zeichens können manchmal so aussehen, als würden sie sich gegenseitig behindern. Anstatt zu versuchen, dies durch Kerning auszugleichen, verwendet man häufig eine Ligatur (siehe unten). Wenn der Punkt eines „i" oder „j" mit dem vorangehenden „f" kollidiert, kann eine Ligatur durch Verlängerung des Querbalkens Abhilfe schaffen und den Punkt überflüssig machen.

Dante / Dante Expert
Oben sind die Standardzeichen abgebildet, darunter die entsprechenden Ligaturen. Das „i" verliert den Punkt, die Querbalken des „ff" werden zu einem durchgehenden Balken.

Kombination von Versalien
Aus denselben Gründen verwendet man Ligaturen auch bei bestimmten Großbuchstaben.

Mrs Eaves
Die Kleinbuchstaben (links) zeigen, dass Buchstabenpaare durch Ligaturen auch kreativ geschmückt werden können.

University of Sussex

In diesem Prospekt, den Blast als Teil der neuen Corporate Identity für die University of Sussex hergestellt hat, werden die Initialen der Universität mit einer Ligatur verbunden.

Die speziell hierfür entwickelte erweiterte Version der Baskerville wird auch für Überschriften verwendet und als Markenzeichen für alle Drucksachen des Campus. Die neue Variante ist viel dynamischer als die alte (vgl. S. 42), die am Fuß der Buchstaben zwei Endstriche aufweist. Die erweiterte Baskerville hat nur einen Endstrich an den Oberlängen der Kleinbuchstaben, z.B. beim „h", sowie einen abgerundeten Fuß beim „m". Die Rundung der neuen Variante wird als Schlüsselelement für die Ligatur des Logos der Universität eingesetzt.

Kunde: University of Sussex
Design: Blast
Typografische Details: Logotype mit Ligatur und erweiterte Baskerville ergeben eine einheitliche Identität

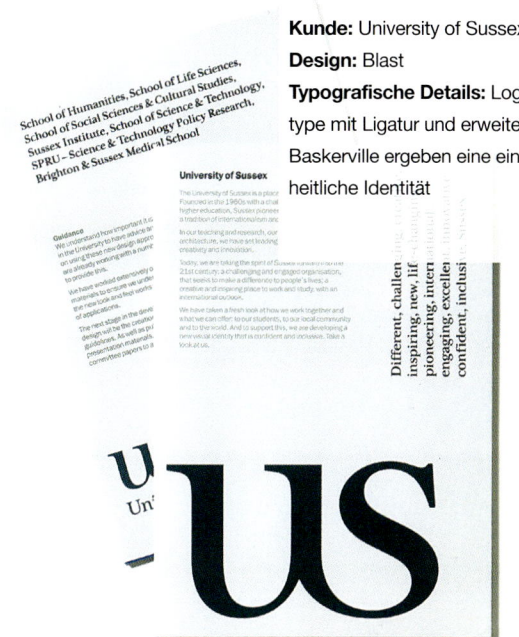

abcdefghijklmnopqrstuvwxyz
ABCDEFGHIJKLMNOPQRST
UVWXYZ 1234567890

Auf dem Plakat vereinen sich die einfache Typografie und das offene, anspruchsvolle Bild. Dabei symbolisiert die im Mittelpunkt stehende Ligatur Verbundenheit und Zusammengehörigkeit.

Zusatzzeichen

Zusatzzeichen
Eine Schriftart umfasst üblicherweise auch eine Reihe von Zusatzzeichen, von denen einige hier kurz beschrieben werden:

Typografische Anführungszeichen („Gänsefüßchen")
Die beiden Beispiele (unten links) zeigen einfache und doppelte Anführungszeichen im englischen Sprachraum. Oft werden fälschlicherweise (unten rechts) die Zeichen für Inch, Minuten oder Punktgröße (ein Strich) bzw. Feet und Stunden (zwei Striche) verwendet.

'Single'   "Double"   'Single'   "Double"

Konventionen im britischen Englisch
Es reicht nicht zu wissen, welche Zusatzzeichen zum Text passen, denn auch die Konventionen für die jeweilige Anwendung sind wichtig. Sie werden im britischen und amerikanischen Englisch genau gegensätzlich gehandhabt. Im britischen Englisch wird als erstes Anführungszeichen das einfache Zeichen verwendet, während eine Anführung in der Anführung mit dem doppelten Zeichen versehen wird. Das Interpunktionszeichen kommt nach den doppelten Anführungszeichen (siehe unten), um auszudrücken, dass es nicht Teil des Zitats ist.

'I said "that's not right", but no one listened'

Konventionen im amerikanischen Englisch
Im amerikanischen Englisch gilt genau das Gegenteil. Als erstes Anführungszeichen wird das Doppelzeichen verwendet, für das Zitat im Zitat das Einfachzeichen. Das Interpunktionszeichen liegt innerhalb der Einfachzeichen.

"I said 'that's not right,' but no one listened"

Das „i" ohne Punkt
In den meisten Schriftarten steht ein „i" ohne Punkt zur Verfügung. Es gehört genau genommen nicht zu den Ligaturen, hat aber eine ähnliche Funktion. Es wird oft bei Werbematerial eingesetzt, wenn der Platz sehr beschränkt ist, und versteckt sich dann unter einem überstehenden Zeichen wie dem „T".

i   ı   Tight   Tıght

Akzente
Die meisten Schriftarten bieten die häufigsten Akzente: Akut (á, é, í, ó, ú), Gravis (à, è, ì, ò, ù), Cedille (ç), Umlaute bzw. Diäresevokale (ä, ë, ï, ö, ü), Zirkumflex (â, ê, î, ô, û), Ring (å) und Tilde (ã). Viele Schriften enthalten Akzente als Einzelzeichen (1). Man kann sie mit Buchstaben kombinieren (2) und akzentuierte Zeichen mit Unterschneidung erzeugen. Die entstehenden Zeichen (3) werden im Polnischen verwendet, stehen aber im regulären Zeichensatz nicht zur Verfügung. Diese Technik löst das Problem sehr leicht.

1   2   3

˙ ̦   ˙z   c ̦   ż   ç

Kunde: Swiss RE CfGD
Design: Frost Design
Typografische Details:
Anführungszeichen als symbolhaftes Bild

Swiss RE CfGD

Diese Corporate Identity für das Centre for Global Dialogue des Rückversicherers Swiss RE wurde von Frost Design gestaltet. Anführungszeichen werden als symbolhaftes Bild für den Dialog verwendet. Sie finden sich auf vielen verschiedenen Publikationen und Drucksachen der Firma. Im gezeigten Beispiel sind die Zeichen sehr zurückhaltend Ton in Ton eingesetzt, füllen dafür jedoch eine ganze Seite.

Das Centre for Global Dialogue ist ein Forum, auf dem es um globale Risikothemen geht und auf dem neue Einblicke in zukünftige Risikomärkte ermöglicht werden.

Typografie Zusatzzeichen

Satzzeichen

Satzzeichen
Wie die folgenden Beispiele zeigen, gibt es bei den Satzzeichen erhebliche Unterschiede zwischen den westeuropäischen Sprachen.

Konventionen im Französischen
Im Französischen verwendet man statt Anführungszeichen die so genannten Guillemets. Wie auch im britischen Englisch stehen die Interpunktionszeichen außerhalb. Doch im Französischen steht vor und nach dem Zitat jeweils ein Leerzeichen. Auch vor anderen Satzzeichen steht ein Leerzeichen.

In geschriebenen Texten werden im Französischen « guillemets » verwendet.

10 % Nein ! Wann ? Hinweis † Gedankenstrich— Doppelpunkt: Strichpunkt;

Konventionen im Italienischen
Wie auch im Französischen werden hier Guillemets verwendet.

Die Ellipse, die eine Auslassung kennzeichnet...., besteht aus vier Punkten, die direkt an das Wort anschließen.

Konventionen im Spanischen
Die typografischen Konventionen sind ähnlich wie im Französischen – mit einigen Unterschieden.

«Für Zitate verwendet man Guillemets»

¡Ein umgedrehtes Ausrufezeichen leitet Befehlssätze ein, ein übliches Ausrufezeichen steht am Ende!

¿Ein umgedrehtes Fragezeichen leitet Fragesätze ein, ein übliches Fragezeichen steht am Ende?

Gedankenstriche– folgen direkt auf das vorhergehende Wort; danach steht ein Leerzeichen.

Konventionen im Deutschen
Im Deutschen werden Anführungszeichen variiert. Gedankenstriche wie im britischen Englisch eingesetzt.

«Für Zitate gelten unterschiedliche Regeln. Hier werden Guillemets verwendet.»

»Sie können auch umgedreht werden.«

„Man kann auch doppelte Anführungszeichen verwenden. Die einleitenden Anführungszeichen liegen auf Höhe der Grundlinie, die abschließenden liegen oben."

Vor und nach Gedankenstrichen – kommt ein Leerzeichen.

Kunde: Black Dog Publishing
Design: Gavin Ambrose
Typografische Details: zweisprachiges Buch mit Guillemets und Anführungszeichen

Decadence of the Nude / La décadence du Nu

Dies sind Seiten aus einem zweisprachigen Buch über Pierre Klossowski. Soweit möglich, werden „zweistöckige" Textblöcke jeweils bündig ausgerichtet, wodurch sie visuell miteinander verbunden werden. Man erkennt dies an den parallelen Einzügen.

Symbolschriften

Symbolschriften

Symbolschriften (Pi-Zeichenfonts) bestehen vollständig aus grafischen Zeichen, z.B. wissenschaftlichen Symbolen, Pfeilen, Formen und Icons. Sie werden meist als Ideogramme verwendet und um Legenden oder Fließtexten mehr Flexibilität zu geben.

☎ als Beschreibung   ☞ als Wegweiser   ❾ als Aufzählungspunkt
✈ als Bild   ✹ als Symbol   ❑ als Form

Zapf Dingbats
Ein Evergreen bei den Symbolsätzen.

Woodtype Ornaments
Ein Symbolsatz, der von Holzdruckstöcken inspiriert ist.

Restart
Eine Reihe handgezeichneter Symbole, die wie Skizzen wirken.

International
Eine Sammlung allgemein gebräuchlicher Symbole.

Braille
Standardalphabet, das durch Abtasten gelesen wird. Punkte in bestimmter Anordnung repräsentieren Buchstaben.

Kunde: Eigenverlag
Design: Gavin Ambrose and Matt Lumby
Typografische Details: Buchstaben sind durch Binärcode ersetzt

American Psycho Binary
Diese Version von *American Psycho* von Brett Eastern Ellis stammt von Gavin Ambrose und Matt Lumby. Jeder einzelne Buchstabe wurde durch einen achtstelligen Binärcode ersetzt. Das Buch enthält deshalb achtmal so viele Zeichen wie das Original und hat über 1200 Seiten. Einzelne Wörter sind besonders lang, sodass manchmal ein Wort eine ganze Zeile einnimmt.

Fremde Schriften

Fremde Schriften
Die Globalisierung und die vielen internationalen Konzerne erfordern immer häufiger Publikationen in fremden Schriften.

Das wirkt sich, wie hier gezeigt, auf den Platzbedarf für jeden Textblock aus. In allen Übersetzungen auf dieser und der nächsten Seite sind Schlüsselwörter und Interpunktionszeichen magentafarben gekennzeichnet. So wird deutlich, wie mit den bekannten typografischen Unterschieden in fremden Sprachen umgegangen wird.

Fast jedes Wort ändert seine Länge, wenn es von einer Sprache in eine andere übersetzt wird. Ein Grafikdesigner muss sicherstellen, dass der Textblock bzw. der dafür verfügbare Platz groß genug ist, um auch die eventuell längere Übersetzung aufnehmen zu können.

This paragraph demonstrates the different space requirements for the same text in different languages. Translation into non-Latin languages, as the following examples show, has a far more significant impact on a design than the translation of Latin languages. **Emboldened** or *italicised* type can be successfully assimilated in most languages although typeface selection can be restricted. "Punctuation" usage varies, and the inclusion of symbols & marks aren't always what you'd expect!

Hebräisch

פסקה זו מדגימה את דרישות הרווח השונות עבור אותו שורות טקסט כשהן מוצגות בשפות שונות.
כפי שניתן לראות מהדוגמאות הר"מ, תרגום טקסט לשפות לא-לטיניות משפיע על העיצוב בצורה משמעותית הרבה יותר מאשר תרגום טקסט לשפות לטיניות. ניתן לשלב בהצלחה טקסט **מודגש** או *נטוי* ברוב השפות, אם כי מגוון הגופנים עלול להיות מוגבל. השימוש ב"סימני פיסוק" משתנה משפה לשפה, ושילוב סמלים וסימנים אינו תמיד כפי שהייתם מצפים.

Arabisch

هـذه الفقـرة تبيـن المتطلبـات المختلفة للمسـافة بين سـطور النـص عنـد عرضهـا بلغـات مختلفة.
كما أن ترجمة النص إلى اللغات الغير لاتينية، كما يتبين فـي الأمثلة التالية، إنما لهـا أثر ملموس بصـورة واضحة على تصميم الصفحة إذا قورن بترجمة النـص باللغـات اللاتينية. ويمكن بنجاح محاكاة الحروف **بلون داكن** أو *بأحرف مائلة* في معظم اللغـات على الرغم مـن أن إختيار نـوع الحرف أو الفونت قـد يكون محـدوداً. ويختلف إسـتعمال «النقـط والفواصل وما شـابه»، كما أن إدخال الرموز والعلامات ليس دائما كما تتوقعونه!

Urdu

یہ پیراگراف اس بات کا مظہر ہے کہ ایک ہی مضمون کو جب مختلف زبانوں میں ترجمہ کیا جاتا ہے تو اُس کے لیے مختلف جگہ کی ضرورت ہوتی ہے۔
کسی مضمون کا غیر لاطینی زبانوں میں ترجمہ، جیسا کہ مندرجہ ذیل مثالوں سے ظاہر ہے، دوسری لاطینی زبانوں میں ترجمہ کے مقابلے میں تحریری وضع پر کہیں زیادہ اثر انداز ہوتا ہے۔ **جلی** یا *ترچھی* طرز تحریر کو بیشتر زبانوں میں کامیابی سے استعمال کیا جاسکتا ہے اگر چہ ہوسکتا ہے کہ طرز تحریری اقسام محدود ہوں۔ "رموز اوقاف" کا استعمال مختلف ہوتا ہے اور علامات اور نشانات ہمیشہ وہ نہیں ہوتے ہیں جن کی آپ توقع کرتے ہوں۔

Koreanisch

이 문단은 서로 언어로 되어 있는 동일한 내용의 서로 다른 공간 요구사항을 보여 준다. 다음 예들이 보여 주듯이 비라틴계 언어로 번역하는 것은 라틴계 언어의 번역보다 디자인에 훨씬 더 중대한 영향을 준다. 서체 선택이 제한적일 수 있는데도 *진하게 표시된* 또는 *이탤릭체* 로 표시된 글자는 대부분의 언어에서 성공적으로 동화될 수 있다. "구두점" 사용법은 서로 다르며 기호와 표시의 삽입도 언제나 예상과 다르다!

Kyrillisch

Данный абзац является иллюстрацией того, как меняются потребности в свободном месте для размещения одного и того же текста в зависимости от языка.
Переводы текста на языки с не латинским алфавитом, как показывает следующий пример, требуют более серьезных изменений дизайна страницы, чем переводы на языки с латинским алфавитом. Выделение *жирным шрифтом* или *курсивом* возможно для большинства языков, но выбор гарнитур для некоторых языков может быть ограниченным. Существуют также различия в знаках «пунктуации», а если используются специальные знаки и символы, они не всегда будут выглядеть так, как вы ожидаете!

Griechisch

Αυτή η παράγραφος αποτελεί δείγμα της διαφορετικής έκτασης που καταλαμβάνει το ίδιο κείμενο σε διαφορετικές γλώσσες.
Η μετάφραση κειμένων σε γλώσσες μη λατινογενείς, όπως αποδεικνύουν τα παρακάτω παραδείγματα, επηρεάζει πολύ περισσότερο το σχεδιασμό απ' ό,τι η μετάφραση κειμένων σε λατινογενείς γλώσσες. Στις περισσότερες γλώσσες υπάρχει αντιστοιχία σε ό,τι αφορά τους *έντονους* ή *πλάγιους* χαρακτήρες, ενώ οι επιλογές γραμματοσειρών ενδέχεται να είναι περιορισμένες. Η χρήση των σημείων «στίξης» διαφέρει και τα σύμβολα και τα σημεία στίξης που χρησιμοποιούνται δεν είναι πάντα τα αναμενόμενα!

Traditionelles Chinesisch

這段文字顯示了同一內容在翻譯成不同語文後,所需的空間有所不同。就如以下例子證明,與翻譯成拉丁系語文比較,將文字翻譯成非拉丁系語文對設計的影響比較大。雖然在許多語文中不難使用*黑體*或*斜體*,但是版面的選擇可能會比較少。此外,在不同語文中所使用的「標點符號」也有差異,所以您可能會有意想不到的符號與標記!

Vereinfachtes Chinesisch

这段文字显示了同一内容在翻译成不同语文后,所需的空间有所不同。就如以下例子证明,与翻译成拉丁系语文比较,将文字翻译成非拉丁系语文对设计的影响比较大。虽然在许多语文中不难使用*黑体*或*斜体*,但是版面的选择可能会比较少。此外,在不同语文中所使用的[标点符号]也有差异,所以您可能会有意想不到的符号与标记!

Japanisch

このパラグラフは、同じテキストを異なる言語で示す場合は異なった空白の仕方が必要です。次の例が示すように、ラテン語以外の言語へ翻訳する場合、文章のデザインにおいてラテン語の翻訳よりもはるかに大きな影響が現れます。書体選択には制限がありますが、*太文字*や*イタリック体*の文字はほとんどの言語書体において十分に整合します。"句読法"の用法はさまざまですが、記号やマークを使用しても必ずしも期待ほどの効果はありません!

Zeilenabstand

Zeilenabstand

Der früher übliche Begriff „Durchschuss" stammt aus den Tagen des Bleisatzes, in denen ein Bleisteg zwischen den Textzeilen den richtigen Abstand garantierte. Der Zeilenabstand wird in Punkten angegeben und bezieht sich auf den Abstand zwischen den Zeilen eines Textblocks. Der Zeilenabstand lockert den Textblock auf und macht die Information leichter lesbar.

Bei einem ausgewogenen Textblock hat der Zeilenabstand normalerweise eine höhere Punktgröße als der Text selbst; eine Schrift mit 12 p könnte z.B. mit einem Zeilenabstand von 14 p gesetzt sein.

8-p-Schrift mit 8 p Zeilenabstand (kompakt)

Dieser Textblock zeigt, wie der Zeilenabstand die Lesbarkeit und das gesamte Aussehen des Textes beeinflusst.

Der Text wirkt sehr gedrängt.

8-p-Schrift mit 9 p Zeilenabstand (+1)

Text mit 8 p und 9 p Zeilenabstand hat mehr Luft, wirkt aber auch noch gedrängt.

8-p-Schrift mit 10 p Zeilenabstand (+2)

Text mit 8 p und 10 p Zeilenabstand ist für dieses Beispiel optimal, der Abstand zwischen den Zeilen ist groß genug, der Text leicht lesbar.

8-p-Schrift mit 12 p Zeilenabstand (+4)

12 p Zeilenabstand ist für einen Text mit 8 p zu viel, der Abstand zwischen den Zeilen ist zu groß, die Verbindung löst sich auf, das Auge muss zu sehr springen.

8-p-Schrift mit 14 p Zeilenabstand (+6)

Hier - und im Beispiel rechts - öffnet der Zeilenabstand den Text viel zu weit.

8-p-Schrift mit 16 p Zeilenabstand (+8)

Dieser zusätzliche Abstand ist viel zu groß, er lenkt

das Auge beim Lesen der Zeilen zu sehr ab.

Kunde: Fake London Genius
Design: Browns
Typographische Details:
Gewebeeffekt durch negativen Zeilenabstand

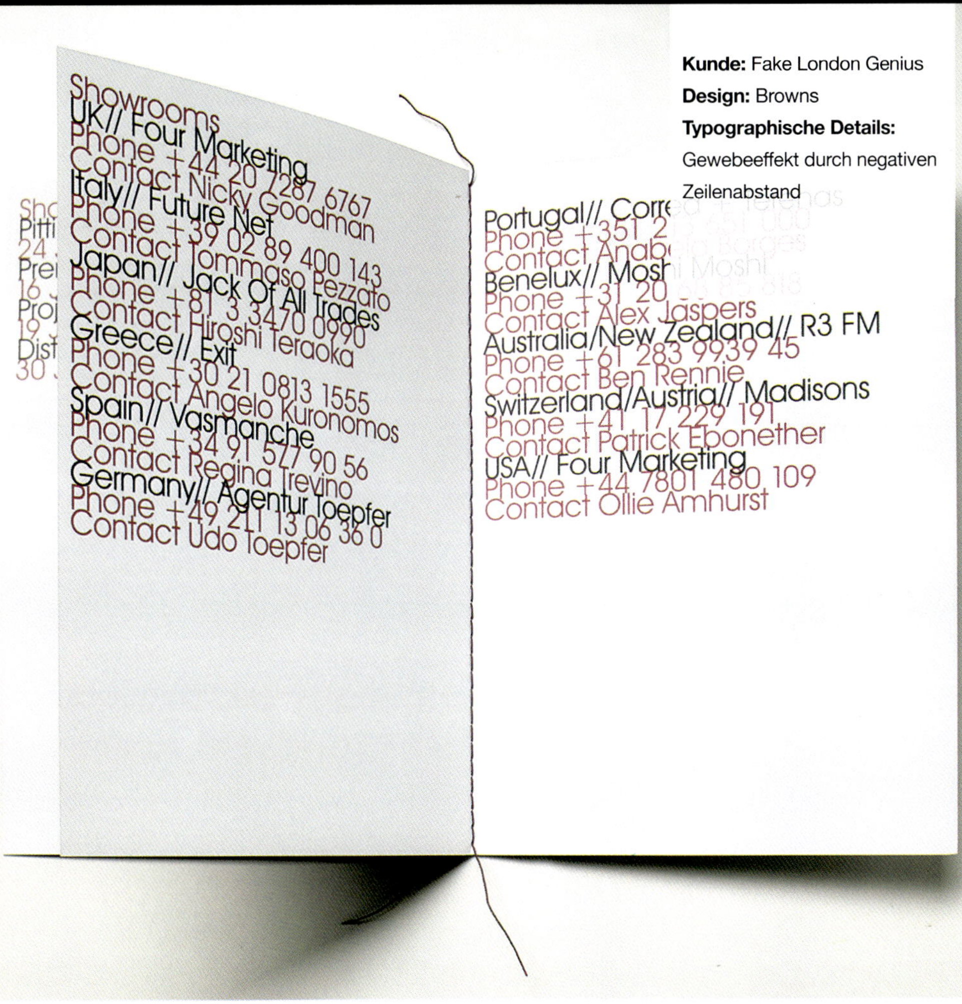

Fake London Genius
In dieser Broschüre für Fake London Genius für Frühjahr/Sommer 2005 ist der Text mit einem negativen Zeilenabstand gesetzt, wodurch die Oberlängen über die Grundlinie der vorherigen Zeile hinausragen. Aufgrund der abwechselnd in Rot und Schwarz gesetzten serifenlosen Schrift entsteht der Effekt eines Gewebes.

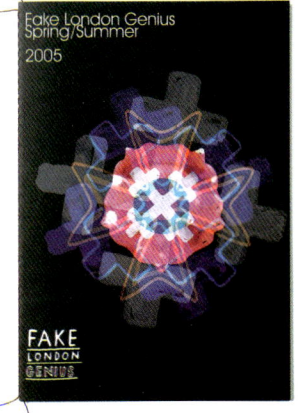

Typografie Zeilenabstand

Laufweite

Laufweite

Der Begriff Laufweite bezieht sich auf den Abstand zwischen den einzelnen Buchstaben. Die Laufweite kann man anpassen, um Zeichen besser oder schlechter lesbar zu machen. Eine engere Laufweite verkürzt den Buchstabenabstand, verdichtet den Text und erlaubt es, mehr Text unterzubringen. Bei zu enger Laufweite kollidieren die Buchstaben miteinander. Die Laufweite sollte auch nur so weit erhöht werden, dass die Buchstaben noch als zusammenhängendes Wort erkennbar sind.

Normal

Garamond Book, normale Laufweite.

Erweitert

Dieselbe Schrift, erhöhte Laufweite. Wird auch als gesperrt bezeichnet.

Schmal

Dieselbe Schrift, verringerte Laufweite.

Werte für die Laufweite beeinflussen den gesamten Textblock und gelten für alle Zeichen. Dieser Absatz ist mit −6 p gesetzt, wodurch ein kompakter Text entsteht, der als „dunkel" bezeichnet wird, weil er proportional mehr Schwarz (Schrift) als Weiß (Leerraum) enthält.

Im Gegensatz dazu ist bei einem „hellen" Text mehr weißer Leerraum als schwarze Schrift vorhanden. Dieser Absatz ist mit +3 p gesetzt, wodurch der Text lockerer, luftiger und insgesamt „weißer" wirkt.

−6 p
In einer geringeren Punktgröße wird der Unterschied deutlicher. Je schmaler die Laufweite, desto „dunkler" die Anmutung; je breiter die Laufweite, desto „heller".

0 p
In einer geringeren Punktgröße wird der Unterschied deutlicher. Je schmaler die Laufweite, desto „dunkler" die Anmutung; je breiter die Laufweite, desto „heller".

+3 p
In einer geringeren Punktgröße wird der Unterschied deutlicher. Je schmaler die Laufweite, desto „dunkler" die Anmutung; je breiter die Laufweite, desto „heller".

Ein Text, der hell auf Schwarz oder einen anderen farbigen Untergrund gesetzt wird, braucht mehr Laufweite, um die starke Wirkung des Hintergrunds zu kompensieren.
Ein dünne Schrift vor dunklem Hintergrund wirkt leicht „gebrochen", weswegen meist fettere Varianten gewählt werden. Dieser zweite Absatz ist in einer fetteren Version der Helvetica Neue gesetzt.

Kerning

Kerning

Der Begriff Kerning bezieht sich auf den Abstand zwischen zwei Buchstaben. Manche Buchstabenkombinationen stehen zu weit oder zu eng, was die Wörter schwer lesbar machen kann, da sich das Auge auf typografische „Fehler" konzentriert.

Dieses Problem lässt sich durch Kerning (Unterschneiden) vermeiden. Manche Buchstabenkombinationen, so genannte Kerning-Paare, werden standardmäßig unterschnitten. Mit Kerning erzielt man gerade bei Display-Schriften ein ausgewogeneres Bild; außerdem werden im Fließtext kritische Kombinationen automatisch verbessert.

airport

airport

Beim Kerning gelten zwei wichtige Regeln:
1
Wird die Schrift größer, muss zum Ausgleich der Buchstabenabstand verringert werden. Beide Wörter oben haben denselben Kerning-Wert. Das obere Beispiel sieht korrekt aus, das untere wirkt in der Mitte „aufgelöst" und könnte von der Unterschneidung profitieren. Oben wurde der Abstand zwischen dem „r" und „t" vergrößert.
2
Ein Text wird erst dann unterschnitten, wenn alle Werte für Laufweite und Schrift festgelegt wurden, denn die zeitraubende Feineinstellung könnte leicht durch eine nachträgliche Änderung zunichte gemacht werden. Die für einen Text passenden Kerning-Werte lassen sich nicht unbedingt auf einen anderen Text übertragen. Verschiedene Schriftarten haben verschiedene Merkmale und müssen deshalb individuell unterschnitten werden – wie auf der Seite gegenüber zu sehen.

Akzidenz Grotesk
Auch ein Einzelwort kann
viel Kerning erfordern.

-6 p   -6 p   -4 p   -12 p -8 p   -9 p

Swiss 721
Hier führen
dieselben
Kerning-Werte
zu ungleichen
Abständen vor
und nach dem „i".

Kerning

Benguiat
Hier lassen dieselben
Kerning-Werte Serifen
miteinander ver-
schmelzen.

Kerning

Apollo MT
Manche Paare berühren
sich, während bei
anderen der Abstand
zu groß ist.

Kunde: Aram Store
Design: Studio Myerscough
Typografische Details:
kantige Schrift, unterschnitten

Typografie Satz

Aram Store
Dieses von Myerscough für den Aram Store entwickelte Logo zeigt Buchstaben, die so weit unterschnitten wurden, dass sie sich schon berühren. Das funktioniert, weil die Schrift kantig und kompakt ist und nur minimale Kontaktflächen entstehen.

Kunde: Cobella
Design: NB:Studio
Typografische Details: Avant Garde als Display-Schrift mit Negativ-Kerning

Cobella

Zur Werbung für eine Serie von Haarprodukten von Cobella verwendete NB:Studio eine Display-Variante der Schrift Avant Garde. Bei der Standardversion stehen die Buchstaben „A", „M", „V" und „W" aufrecht. Bei dieser Variante verleiht die ausgeprägte Rechtsneigung den Buchstaben eine gewisse Individualität, trägt aber nicht gerade zur Lesbarkeit bei. Avant Garde wird hier als Display-Schrift verwendet, Bell Gothic für alle sonstigen Informationen. Das Logo wirkt durch das negative Kerning sehr charakteristisch und persönlich.

Typografie Kerning

Spacing

Schreibmaschinenschrift

Bei dieser nicht proportionalen Swiss hat jedes Zeichen die gleiche Breite, wodurch die Schrift insgesamt mehr Platz benötigt als andere Schriftarten.

Proportionalschrift

Bei dieser proportionalen Swiss entspricht die Breite der Gestalt des jeweiligen Buchstabens, der Text wird kompakter und braucht weniger Platz.

Jedes Zeichen dieser nicht proportionalen Schrift nimmt denselben Platz ein, unabhängig von seiner tatsächlichen Größe. Solche Schreibmaschinenschriften machten es möglich, Spaltentexte sehr leicht zu erstellen. Courier ist ein Beispiel für eine Schreibmaschinenschrift, die auch im digitalen Zeitalter noch populär ist. Solche Schriften sehen jedoch sehr mechanisch aus, sind schwer zu lesen und brauchen viel Platz.

Proportionalschriften wurden von den Schriftgießereien Monotype und Linotype entwickelt und imitieren die Buchstabenabstände des frühen Handsatzes. Die einzelnen Zeichen nehmen einen Raum proportional zu ihrer Größe ein, d.h., der Text braucht weniger Platz und ist leichter lesbar. Es ist jedoch schwieriger, Ziffern oder Text vertikal auszurichten.

Eine von der Norm abweichende Verwendung von Versalien wird immer beliebter, vor allem um Markenzeichen und andere Eigennamen hervorzuheben, wie z B. „PostScript". Diese Binnenmajuskeln – im Englischen auch „camel case" genannt – erscheinen in zwei ohne Leerraum zusammengefügten Wörtern jeweils am Anfang des eigentlich separaten Begriffs. Das unregelmäßige Profil solcher Wörter ähnelt Kamelhöckern (daher „camel case").

CamelCase

Kunde: Everything in Between
Design: 3 Deep Design
Typografische Details: Wörter kollidieren, Schrift wird hervorgehoben

Everything in Between
Dieses von 3 Deep Design für Everything in Between entwickelte Firmen-Briefpapier lässt Abstände verschwinden und Wörter miteinander kollidieren und präsentiert so Begriffe wie „hellogoodbye", „beginningend", „fictiontruth", etc. Dieses Design findet sich auch im Firmenlogo, „everythingbetween", in dem „in" durch eine andere Farbe hervorgehoben wird.

Überdrucken und Aussparen

Überdrucken und Aussparen

Der traditionelle Vierfarbendruck kann sehr restriktiv sein. Schwarz allein wirkt oft blass und nichts sagend. Durch Überdrucken lässt sich dieses Problem lösen, denn der Bereich der oberen Farbe wird im Hintergrund nicht ausgespart. Um das Grundprinzip zu verstehen, soll zunächst der Begriff „Aussparen" erklärt werden.

Beim Übereinanderdrucken von Cyan, Magenta und Gelb wird die jeweilige Hintergrundfarbe ausgespart (siehe oben), wodurch alle drei Farben intakt bleiben (es ergeben sich also keine Mischfarben). Rechts zum Vergleich ein Quadrat in reinem Schwarz; man beachte die geringere Dichte der Druckfarbe.

Der Begriff „Überdrucken" beschreibt ein Verfahren, bei dem die Druckfarben in der üblichen Druckreihenfolge Cyan, Magenta, Gelb und Schwarz aufeinander gedruckt werden (siehe oben). Im Überlappungsbereich entstehen Mischfarben. Das Quadrat rechts zeigt ein so genanntes „Vierfarben-Schwarz", enthält also alle vier Farben; man beachte die höhere Dichte der Druckfarbe. Dieses Verfahren eignet sich auch, um einem Design mehr Struktur zu verleihen.

Metropolis (rechts)

Dieser Newsletter für den Metropolis Bookstore verwendet das Überdruckverfahren. Die grünen Überschriften werden mit dem Fließtext überdruckt, um den Spalten mehr Struktur zu geben. Dadurch, dass die dunklere Farbe über die hellere gedruckt wird, vermeidet man Registerungenauigkeiten an Stellen, an denen sonst weiße Blitzer erscheinen würden.

Kunde: Metropolis Bookstore
Design: 3 Deep Design
Typografische Details:
große Überschriften farbig
überdruckt

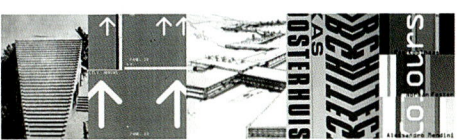

Typografie Überdrucken und Aussparen

Lesbarkeit

Lesbarkeit

Der Begriff Lesbarkeit hat zwei Bedeutungen. Zum einen bezieht er sich auf die Möglichkeit, einen Buchstaben anhand der optischen Merkmale einer Schrift vom nächsten Buchstaben zu unterscheiden, z.B. anhand von Mittellänge, Zeichenform, Punzengröße, Strichkontrast und -breite. Die Lesbarkeit von Fließtext wird durch die Verwendung einer Standardschriftgröße, eines passenden Zeilenabstands und der richtigen Ausrichtung garantiert. Klare Informationen in Kombination mit wenigen Ablenkungsfaktoren ergeben eine lesbare Schrift.

Lesbarkeit bezieht sich aber auch auf die sonstigen Eigenschaften der Schrift oder des Designs, die es ermöglichen, den Inhalt zu verstehen. Die Beispiele rechts haben eine reduzierte Lesbarkeit, doch der Text vermittelt eine gewisse dynamische Bewegung, die die Meinung des Betrachters über den Textinhalt beeinflusst.

Kunde: Who's Next
Design: Research Studios
Typografische Details:
serifenlose Schrift als grafisches Mittel, schlechte Lesbarkeit beabsichtigt

Who's Next
Diese Corporate Identity wurde von den Research Studios für Who's Next entwickelt, ein wichtiges Mode-Event in Frankreich. In der abgebildeten Broschüre ist die Typografie unzusammenhängend und wird als grafisches Mittel verwendet. Die einzelnen Wörter verlaufen nicht wie gewohnt, was die Lesbarkeit des Textes sehr beeinträchtigt. Auch unterschiedliche Schriftgrade und -schnitte tragen dazu bei. Da der Text als grafisches Mittel verwendet wird, ist die Lesbarkeit nur sekundär; die Einzelbegriffe sind wichtiger.

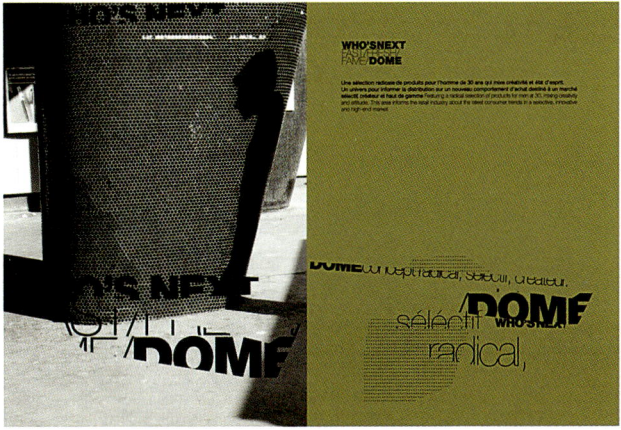

Kunde: Computerlove
Design: Build
Typografische Details: Logoschrift stellt Lesbarkeit infrage

Kognitive Bedeutung

Die kognitive Bedeutung eines Objekts oder Bildes ist die Bedeutung, die wir von dessen Betrachtung abzuleiten gelernt haben. Wir wissen z.B., dass Rot Gefahr signalisiert und dass ein „?" auf eine Frage hinweist. Grafikdesigner verwenden kognitive Aspekte, um einen Leser oder Betrachter zu den gewünschten Reaktionen zu bringen.

Denotative Bedeutung

Bilder werden häufig wegen ihrer denotativen Bedeutung eingesetzt, weil sie ganz explizit etwas vermitteln oder zeigen. Wenn wir eine Abbildung eines Musikinstruments sehen, nehmen wir z.B. an, dass ein Thema etwas mit Musik zu tun hat. Die charakteristische Fähigkeit eines Bildes, etwas zu zeigen oder anzudeuten, ist oft ein Schlüsselelement im Grafikdesign.

Build

Dieses Plakat – hier sind Vorder- und Rückseite zu sehen – wurde von Build für Computerlove entworfen. Es ist ein Paradebeispiel dafür, dass die Eigenschaften von Schriftarten die Lesbarkeit beeinflussen. Aufgrund der Buchstabenformen und der fehlenden Punzen ist der Text kaum lesbar, was eigentlich inkonsequent ist, denn Plakate sollen ja Informationen vermitteln. Die reduzierte Lesbarkeit erzeugt einen starken visuellen Effekt, der hier vielleicht wichtiger ist als die Information, die der Leser dem Text entnehmen könnte. Eigentlich informiert das Design den Leser ebenso, wie es ein Entziffern des Textes tun würde.

Kunde: Levi's
Design: The Kitchen
Typografische Details: handgezeichnet, anarchische Anmutung

Levi's

Die von The Kitchen für die Firma Levi's entworfene Broschüre verwendet das Thema „Sonic Revolution" als zentrales Thema des vorgestellten Kleidungsstils. Das Design beruht auf einer handgezeichneten, aggressiven, anarchischen und eindringlichen Schrift, um genau diese Eigenschaften zu vermitteln und sie auf die einzelnen Kleidungsstücke zu übertragen. Die Broschüre imitiert auch das Tagebuch eines Teenagers und erhöht so die Anziehungskraft der Produkte im Zielmarkt.

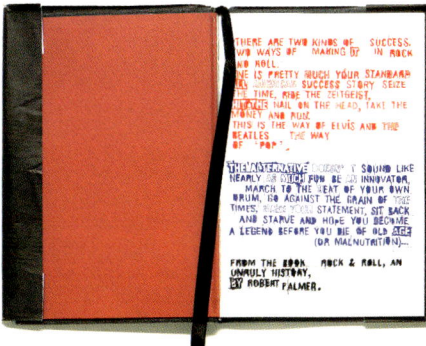

Gestaltung von Schriften

Fiction
New Work by BalletLab

Venue
Chunky Move
111 Sturt Street
Southbank VIC

Reservations
CUB Malthouse
9685 5111

Tickets
$20 Full
$15 Concession

Dates
Thursday 19th – Saturday
21st August at 8.30pm
Tuesday 24th – Saturday
28th August at 8.30pm
Sunday 29th August at 5pm
Post show forum Tuesday
24th August

Choreography
Phillip Adams and
Rebecca Hilton
Live sound composition
Lynton Carr
Performers
Brooke Stamp, Ryan Lowe
Carlee Mellow, Joanne
White, Tim Harvey,
Clair Peters and Edgar
John Wegner

Lighting
Ben Cisterne
Costumes
Graham Green
Graphic Design
3 Deep Design
Photography
Jeff Busby

Kunde: Balletlab
Design: 3 Deep Design
Typografische Details:
Schrift basiert auf Hintergrundmuster

Gestaltung von Schriften

Der Begriff Gestaltung bezieht sich hier auf die verschiedenen Ansätze zur Herstellung von Schriften. Das kann Teil eines ganz bewusst gestalteten Prozesses sein, um eine neue Schrift zu entwickeln, oder eine so einfache Aktion, wie die benötigten Buchstaben mit Sprühfarbe zu malen. Das allen Beispielen gemeinsame Thema dieses Abschnitts ist die Tatsache, dass Typografie aus verschiedenen Quellen stammen und auf vielfältige Art und Weise manipuliert werden kann, um ganz bestimmten Designzielen zu genügen. So nutzen Grafikdesigner die Attribute der gestalteten Schrift, um die Botschaft zu verdeutlichen, die sie durch das Design selbst vermitteln wollen.

Schriften maßzuschneidern mag zeitraubend erscheinen, doch das Ergebnis wird immer einzigartig und sehr persönlich sein. Und genau das sucht jede Firma, die ein Designstudio mit der Entwicklung einer neuen Corporate Identity beauftragt. Auch die Modifizierung bereits vorhandener Schriften kann zu guten Ergebnissen führen, ohne dass das Rad gleich neu erfunden werden muss.

Die Beispiele in diesem Kapitel zeigen einige Möglichkeiten, wie man bei der Gestaltung von Schriften vorgehen kann. Egal ob detaillierte und komplexe Raster verwendet werden – wie links zu sehen – oder ob man auf die bewährten Techniken zur Schaffung einer Corporate Identity zurückgreift, die Gestaltung einer neuen Schrift bietet viel mehr Möglichkeiten als die Verwendung einer bestehenden und bekannten Schrift. Auch wenn viele dieser Beispiele sehr experimentell sind, gelten auch für sie die bereits besprochenen Grundprinzipien. Die Gestaltung und das Setzen von Schriften sind keine zufälligen Aktionen – beides geschieht im größeren Kontext typografischer Konventionen, auch wenn die Grenzen bisweilen überschritten werden.

Balletlab (links)
Dieses von 3 Deep Design für Balletlab gestaltete Plakat verwendet eine Schrift, die auf dem Hintergrundmuster basiert. Dieses Muster schränkt die möglichen Buchstabenformen ein und schafft eine schräge Grundlinie für den Text. Das Ergebnis ist ein sehr dynamischer Text, der modern wirkt und den Inhalt gut vermittelt.

Fontherstellung

Auch wenn es schon tausende verschiedener Schriften gibt, kann es manchmal nötig sein, eine neue zu gestalten. Fonts lassen sich auf unterschiedliche Art und Weise herstellen: von der kompletten Neugestaltung bis zur Replikation aus älteren Publikationen, vom Zeichnen per Hand bis zur Gestaltung mit einem speziellen Computerprogramm. Die Motivation dafür ist normalerweise der Wunsch, eine einzigartige typografische Lösung für den Kunden zu finden. Die gezeigten Beispiele wurden für spezielle Aufträge konstruiert, gefertigt und übertragen. Viele haben nicht nur ein sehr außergewöhnliches Design, sondern stellen auch alles infrage, was man üblicherweise mit dem Begriff „Schrift" verbindet.

Fringe Fashion (rechts)
Dieses Plakat wurde von 3 Deep Design für das Fringe Fashion Festival gestaltet. Bei einigen Buchstaben sind die Diagonalen besonders ausgeprägt, z.B. beim „F" und „R", die sich nach vorn zu beugen scheinen, anstatt wie üblich einen geraden Schaft zu haben.

Kunde: Fringe Fashion
Design: 3 Deep Design
Typografische Details:
Font mit übertrieben diagonalen Schäften

Typografie Fontherstellung

Schrift als optisches Markenzeichen

Kunde: John Wardle Architects
Design: 3 Deep Design
Typografische Details: kantige Initialen für das Logo, Grotesk als Sekundärschrift

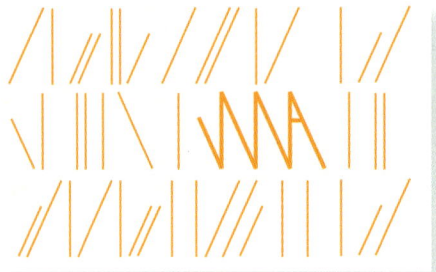

John Wardle Architects (oben)
Diese von 3 Deep Design für John Wardle Architects entwickelte Corporate Identity präsentiert die Initialen „J", „W" und „A" in sehr kantiger Form. Die spitzen Winkel wiederholen sich in unregelmäßigen Abständen und verbinden sich erst im Inneren der Broschüre zu einem Ganzen. Die abstrakte Schrift wird als grafisches Mittel verwendet und ergibt eine ganz einzigartige Corporate Identity. Sie steht im Kontrast zur Grotesk, die als gut lesbare Sekundärschrift verwendet wird.

Whitechapel Gallery (rechts)
Diese neue Schrift für die Whitechapel Gallery in London ist sehr individuell und hat einen hohen Wiedererkennungswert. Sie wird ganz bewusst in allen Medien verwendet – das gezeigte Beispiel ist eine Veranstaltungsbroschüre – und wird so automatisch mit der Galerie in Verbindung gebracht. Die stark gemusterte Schrift beschränkt sich auf das Logo; die als Sekundärschrift verwendete Egyptienne vermittelt Klarheit und Nüchternheit.

Kunde: Whitechapel Gallery
Design: Spin
Typografische Details:
maßgeschneiderte, komplexe Schrift vermittelt Individualität

Typografie Schrift als optisches Markenzeichen

Kunde: Online Music Awards
Design: Form Design
Typografische Details:
blockartiges, experimentelles
Logo

Online Music Awards (above)
Diese von Form Design für die Online Music Awards gestalteten Plakate zeigen ein Logo, dessen Buchstaben aus Blöcken bestehen. Die Unterschied zwischen „a" und „o" ist ganz einfach das Fehlen eines solchen Blocks. Diese konsequente Verwendung eines kleinen Gestaltungsrasters ergibt ein auffälliges, kantiges Logo, das durch die Verwendung zweier Helvetica-Schnitte ergänzt wird.

Made in Clerkenwell (right)
Diese von den Research Studios entwickelte Schrift gehörte zur Werbekampagne für „Made in Clerkenwell", eine offene Veranstaltung inmitten von London. Um die präzise, handwerklich geprägte Natur der ausgestellten Werke zu unterstreichen (u.a. Keramiken, Textilien und Schmuck), wurde eine von Hand gezeichnete Schrift entwickelt.

Die Schrift wurde mithilfe von Vektoren gezeichnet, da diese sich leicht manipulieren lassen und man so Form und Stil jedes Buchstabens leicht erzeugen kann. Jeder Buchstabe besteht aus gleich breiten Linien, wodurch eine ausgeprägte Gleichmäßigkeit entstand.

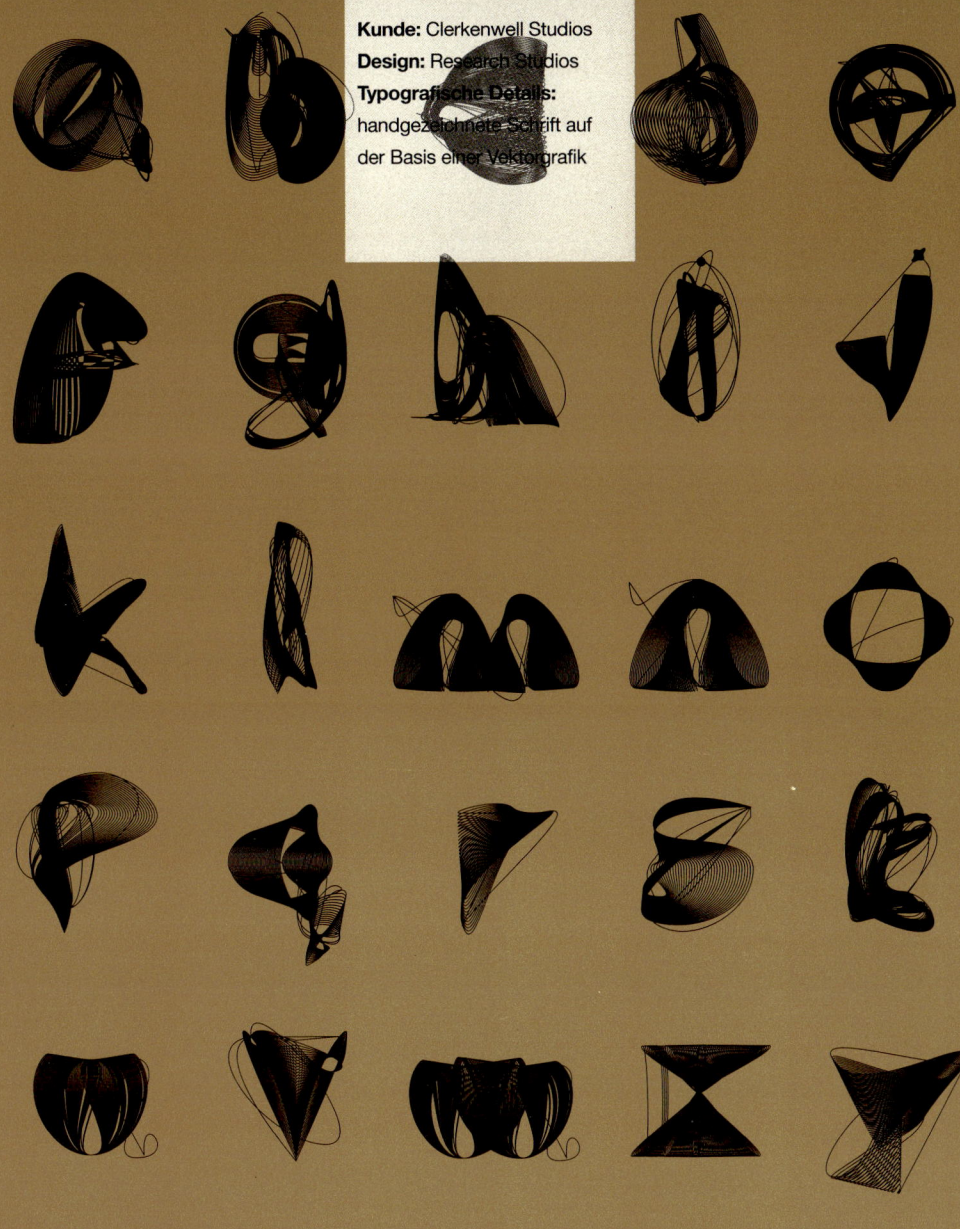

Kunde: Clerkenwell Studios
Design: Research Studios
Typografische Details: handgezeichnete Schrift auf der Basis einer Vektorgrafik

Typografie Schrift als optisches Markenzeichen

Handentwürfe

Handentwürfe

Es gab schon viele Versuche, Handschriften auch für den Druck nachzuahmen. Doch es gelang bisher nie, die ganz typischen Merkmale der Handschrift, die sich durch Änderungen beim Schreibdruck, der Geschwindigkeit und der Konzentration ergeben, zufrieden stellend zu kopieren. Man kann den rauen Charakter einer Handschrift nur erreichen, wenn man die Druckbuchstaben eigenhändig entwirft und zum Zeichnen in seiner ursprünglichsten Form zurückkehrt.

abcdefghijklmnopqrstuvwxyz

Pepita
Pepita wurde 1959 von Imre Reiner entwickelt und simuliert den spontanen Strich des handgeschriebenen Wortes.

abcdefghijklmnopqrstuvwxyz

Biffo
David Marshall gestaltete 1964 die Schrift Biffo, die den Strich eines Füllers mit breiter Spitze nachahmt. Das ist an den runden, flexiblen Formen und vertikalen Strichen gut zu erkennen, die abgerundete Kanten haben und so die Buchstaben weicher machen. Biffo eignet sich für kurze und mittellange Textblöcke und für Überschriften.

abcdefghijklmnopqrstuvwxyz

Snell Roundhand
Snell Roundhand wurde 1965 von Matthew Carter entwickelt und basiert auf den abgerundeten Handschriften des 18. Jahrhunderts. Sie wirkt elegant und festlich und eignet sich für mittellange Textblöcke sowie Überschriften.

Kunde: Coexistence
Design: Studio Myerscough
Typografische Details:
Handentwurf, unregelmäßige Linien, unterschiedliche Punktgrößen

Coexistence

Für die Corporate Identity des Möbelhauses Coexistence entwickelte Studio Myerscough eine handgezeichnete Schrift mit absichtlich abgerundeten Kanten. Die Buchstaben wurden in verschiedenen Punktgrößen gesetzt und überlappen sich. Die beinahe brutale typografische Darstellung markiert einen sehr starken Gegenpol zu den eleganten Linien der Möbel. Die Direktheit der Typografie wirkt wie eine spielerische Skizze und erinnert den Betrachter an die Einzigartikeit der präsentierten Produkte.

Typografie Handentwürfe

Konstruktionen

Kunde: Salvation Army
Design: Browns
Typografische Details: aus Neonröhren konstruierte Buchstaben

Salvation Army
Als Logo und Corporate Identity für die Jugendorganisation der Salvation Army entwickelte das Designstudio Browns ein Neonschild mit dem Slogan A LOVE+. Durch den Umriss der Neonröhren ergeben sich die Buchstaben des Logos, bei dem auch die Teile, die im beleuchteten Neonschild nicht sichtbar sind, gezeichnet und so sichtbar gemacht wurden.

Kunde: Jeff Busby
Design: 3 Deep Design
Typografische Details:
Buchstabenformen folgen einem geometrischen Raster

Jeff Busby

Die von 3 Deep Design für den Fotografen Jeff Busby entwickelte Corporate Identity basiert auf einem ausgeprägten geometrischen Raster. Die Buchstabenformen sind dadurch zwar eingeschränkt, trotzdem ist das Endprodukt für den Kunden einzigartig.

Kunde: D&AD
Design: Studio Myerscough
Typografische Details: farbige Sechsecke als Basis für Buchstabenformen

D&AD (oben)
Die von Studio Myerscough für den D&AD entworfene Einladung mit Poster verwendet ein Sechseckmuster als Basis für die Buchstabenformen. Es entsteht der Eindruck, als blicke man auf eine große Schachtel mit gelben Stiften hinab, unter die ganz willkürlich einige blaue Stifte gemischt wurden.

University of Portsmouth (rechts)
Das Designstudio Radley Yeldar gestaltete diese Broschüre – in Form eines Ideenhefts – für die Designseminare an der University of Portsmouth. Darin sind alle Informationen enthalten, die interessierte Studenten brauchen, um sich für die Universität zu entscheiden. Am Ende enthält die Broschüre einige Leerseiten, damit die Studenten selbst kreativ werden können. Ein Großteil der Informationen sieht wie handgeschrieben aus. Die einfachen Zeichnungen, handgezeichneten Buchstabenformen und die zahlreichen Skizzen lassen die Broschüre sehr authentisch wirken. Die typografische Gestaltung ist ein wichtiger Bestandteil des Werks und wirkt eher zufällig als bewusst gesetzt.

Expressionismus

Kunde: Victionary
Design: Build
Typografische Details:
Zeichen erscheinen blockartig wegen fehlender Punzen und niedriger Oberlängen

Typografie Gestaltung von Schriften

Kunde: The Big Issue
Design: Intro
Typografische Details: handgezeichnete, serifenlose Versalien

The Big Issue (links)

Für diese Ausgabe von *The Big Issue* wurden handgezeichnete Buchstabenformen verwendet. Da es in dieser Ausgabe um Musik ging, ist auf dem Cover eine CD abgebildet, um die herum die Namen aller Musikgruppen aufgeführt sind, die im Magazin vorkommen. Die handgezeichneten Versalien sind mit einem Pinsel gezogen und daher leichter zu lesen als Minuskeln im selben Stil. Die ausdrucksstarke Typografie vermittelt ein Gefühl der Geschwindigkeit und Dringlichkeit, des Vergänglichen und Unfertigen – all diese Eigenschaften könnten auch für Musikgruppen gelten.

Titled (gegenüber)

Dieses Plakat von Mike Place mit einem Gedicht von Conner Kilmer wurde für das Buch *Graphic Poetry* in Auftrag gegeben, das sich mit konkreter Poesie beschäftigt. Das blockartige Aussehen der eindrucksvollen Schrift wird erreicht durch fehlende Punzen, niedrige Oberlängen und gleichmäßige Strichstärken. Das spontane, eindringliche Gefühl, das dadurch vermittelt wird, unterstreicht den Inhalt des Werks.

Expressionismus

Unter expressiver Typografie versteht man Zeichnen in seiner ursprünglichsten Form. Mit handgezeichneten Buchstabenformen symbolisiert man einen gewissen Sinn für Stil und Eindringlichkeit, oder man passt sich, wie hier gezeigt, der Stimmung eines Werks an.

Umsetzung

Kunde:
The Photographers' Gallery
Design: Spin
Typografische Details:
große serifenlose Schrift
überlagert Bilder

Sobald der Grafikdesigner die typografischen Grundlagen beherrscht, kann er andere wichtige Elemente einsetzen, um sie zu verfeinern. Dieses Kapitel behandelt die praktische Umsetzung und zeigt, wie bestimmte Gestaltungsvorgaben die typografischen Elemente ergänzen können, z.B. die Taktilität, die durch die Auswahl des Bedruckstoffs oder des Druckverfahrens erreicht werden kann.

Die feinen Unterschiede, die sich durch geeignete Druckverfahren und Bedruckstoffe erzielen lassen, können manchmal ausschlaggebend sein. Bei den folgenden Beispielen tritt die Schrift in den Hintergrund, und trotzdem sind die Werke überraschend fantasievoll und beeindruckend. Die praktische Umsetzung ist genauso wichtig wie die kreative Idee – beide Aspekte sind untrennbar miteinander verbunden.

Die meisten Druckwerke verwenden normales Papier, das im Vierfarbendruck bedruckt wird. Doch es gibt auch viele Gelegenheiten, von diesem Standard abzuweichen, sei es durch ganz einfache Drucktechniken – wie das hier gezeigte Überdrucken – oder kompliziertere Verfahren, oder auch durch die Verwendung unüblicher Papiersorten. Richtig „lebendig" wird ein Werk dann durch die praktische Umsetzung des Schriftkonzepts.

The Photographers' Gallery (links)
Diese Informationsbroschüre für The Photographers' Gallery verwendet eine Groteskschrift, die die Bilder überlagert. Die Bilder könnten die Lesbarkeit beeinträchtigen, doch hier ist die Punktgröße der Schrift so gewählt, dass sie gut lesbar ist und ein sehr strukturierter Eindruck entsteht.

Materialien

Materialien

Wie ein Druckwerk letztendlich aussieht, hängt auch vom Bedruckstoff ab. Unterschiedliche Papiersorten nehmen unterschiedlich viel Druckfarbe auf und unterscheiden sich im Glanz. Die Wahl muss auch nicht unbedingt auf Papier fallen, denn andere Materialien eignen sich ebenso gut zum Bedrucken.

    Das Glossar am Ende des Buchs ist auf Kraftpapier gedruckt. Dadurch erscheint zwar der Druck derber, und es kann auch keine Farbe verwendet werden, doch dieses Papier vermittelt besondere ästhetische und taktile Qualitäten. Unterschiedliche Papiersorten werden gern verwendet, wenn man komplexe Publikationen in überschaubare Abschnitte unterteilen oder verschiedene Elemente klar voneinander trennen möchte.

    Die folgenden Beispiele zeigen, welche Wirkung man mit anderen Bedruckstoffen als Papier erzielen kann.

Kunde: EMI
Design: SEA Design
Typografische Details: Schriftprägung auf Flockmaterial

EMI
Dieses Cover für den Jahresbericht der Musikfirma EMI wurde von SEA Design gestaltet. Auf dem Cover ist nur das Wort „music" zu sehen, das auf Flockmaterial geprägt wurde und so den zwei Farbtönen Tiefe und Struktur verleiht.

Typografie Materialien

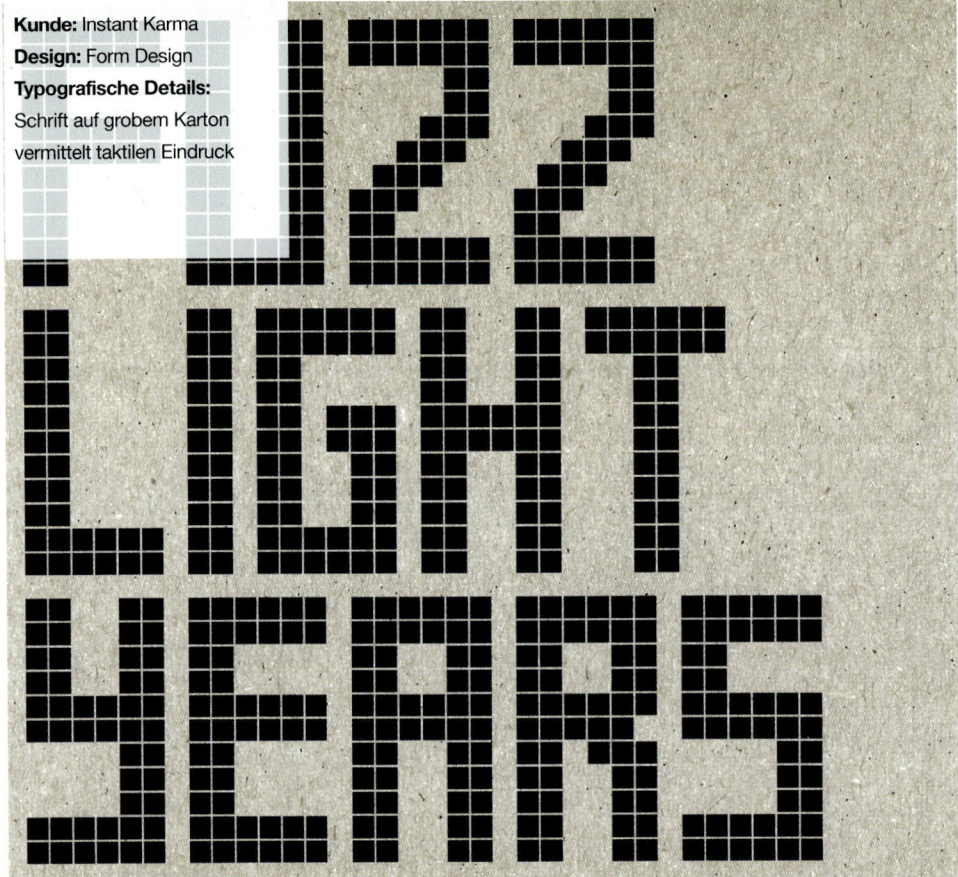

Kunde: Instant Karma
Design: Form Design
Typografische Details:
Schrift auf grobem Karton vermittelt taktilen Eindruck

Girl Song Promo (oben)
Dieses CD-Cover wurde von Form Design für Instant Karma gestaltet. Die Schrift wurde auf einen groben Karton gedruckt, um dem Cover eine taktile Qualität zu verleihen. Durch den besonderen Bedruckstoff unterscheidet sich diese CD von den vielen anderen CDs in diesem gesättigten Markt. Die grafische Bitmap-Schrift erscheint durch das Material etwas weicher.

1Hundred (rechts)
Als Teil einer Marketingkampagne verschickte die Modefirma Topman kleine Blechdosen mit je einer „motion card" und einem kleinen Leporello an 100 Personen, die für die Modeindustrie wichtig sind (z.B. DJs, Models, Clubbetreiber) und die das Label unterstützen sollten. Jede Karte war einzigartig, denn sie zeigte den Namen des Adressaten in Form eines Linsenrasterbilds. Außerdem verriet sie die Antwort auf die ebenfalls als Linsenrasterbild aufgedruckte Frage „Don't you know who I am?".

Kunde: Topman
Design: The Kitchen
Typografische Details: Versalien in Helvetica Neue und Hoefler Text als Linsenrasterbild

Motion Cards

Motion Cards zeigen so genannte Wackelbilder. Texte und Bilder scheinen sich zu bewegen, wenn sich der Betrachtungswinkel ändert. Beim 3-D-Linsenrasterverfahren werden abwechselnd Streifen mehrerer Bilder auf die Rückseite einer Plastikfolie gedruckt, die vorn Riefen hat. Alle zusammengehörigen Streifen haben denselben Brechungswinkel, sodass das gesamte Bild sichtbar wird.

Typografie Materialien

Kunde: Her House
Design: Studio Myerscough
Typografische Details:
Egyptienne, Siebdruck auf Holz

Her House (oben)
Bei dieser von Studio Myerscough für die Galerie Her House gestalteten Einladung wurde eine Schrift mit Balkenserifen (Egyptienne) mittels Siebdruckverfahren auf Holz gedruckt. Solche Schriften wirken sehr ausdrucksstark und heben die Buchstaben deutlich vom Holzuntergrund ab.

Soak (rechts)
Auf dieser von Iris Associates gestalteten Einladung zu einem Diskussionsabend mit dem Studio SEA Design sieht man auf den ersten Blick nur das Logo. Die einzelnen Buchstaben bestehen aus kleinen, tropfenförmigen Elementen, die den Eindruck vermitteln, als würden sie sich voll Wasser saugen (engl. „soak").

Das Logo ist gleichzeitig eine Anweisung: Wird die Einladung in heißes Wasser getaucht, verschwindet die dunkelblaue, thermografische Farbe – sie wurde im Siebdruckverfahren über die nicht lösliche, hellblaue Druckfarbe auf dem starren, weißen PVC-Untergrund aufgebracht – und gibt Details zur Veranstaltung frei. Aus „Soak" wird plötzlich „SEA".

Kunde: Soak
Design: Iris Associates
Typografische Details:
Tropfenförmige Zeichen aus thermografischer Farbe

Die Einladung wird in heißes Wasser getaucht …

… die farbige Fläche löst sich auf, aus dem blauen „Soak" wird „SEA" …

… die Farbfläche verschwindet fast ganz, und der Text der Einladung erscheint.

Bedruckstoff
Als Bedruckstoff bezeichnet man jedes Material, auf das man drucken kann. Üblicherweise ist das Papier oder Karton, aber auch Holz (siehe oben), Plastik, Stoff, Metall oder andere Materialien eignen sich dafür.

Typografie Materialien

Druckverfahren

Druckverfahren
Viele Druckwerke auf Papier werden im Offsetverfahren gedruckt, so auch viele der gezeigten Beispiele und dieses Buch selbst. Es gibt jedoch auch andere Verfahren, mit denen sich Farbe und Muster auf Bedruckstoffe übertragen lassen, wie etwa Hochdruck, Bleisatz, Siebdruck und Tiefdruck.

Jedes dieser Verfahren bedeutet für das Endprodukt mehr, als nur Farbe auf die Seite zu bringen. So kann z.B. der bei der Farbübertragung ausgeübte Druck dem Werk eine einzigartige Taktilität verleihen. Die unten abgebildeten Beispiele für den Hochdruck zeigen, welch unterschiedliche Eindrücke durch Variationen beim Farbübertrag von den Lettern auf den Untergrund entstehen können.

Kunde: Royal Mail
Design: Blast (Alan Kitching)
Typografische Details:
Collage aus Hochdruck-Buchstaben

Royal Mail
Diese Verpackung für einen Briefmarkensatz wurde vom Designstudio Blast für die britische Post entworfen. Darauf zu sehen ist eine Collage aus Buchstaben von Alan Kitching, die im Hochdruckverfahren hergestellt wurde. Die Collage symbolisiert die Themen der enthaltenen Gedenkbriefmarken. Durch das Druckverfahren entstanden robuste Buchstaben, die tatsächlich so aussehen, als seien sie auf den Untergrund aufgestempelt worden.

Hochdruck
Beim Hochdruck werden die erhöhten Teile der Druckform mit Druckfarbe eingefärbt und dann gegen den Bedruckstoff gepresst. Dieses Verfahren wurde als erstes kommerziell eingesetzt und ist Ursprung vieler Fachbegriffe. Neben erhabenen Druckformen sind auch Fotogravurformen einsetzbar.

Der einstige Nachteil des Hochdrucks ist bei modernen Grafikdesignern sehr gefragt: Sind die Druckformen nicht gleichmäßig eingefärbt, dann entstehen bei den Buchstaben Flecken, sodass jeder Abdruck einzigartig ist. Das Hochdruckverfahren wird auch verwendet, um dem Endprodukt eine taktile Qualität zu verleihen.

Typografie Druckverfahren

Bleisatz

Kunde: Pentagram
Design: Webb & Webb
Typografische Details: Einladung im Bleisatzverfahren mit Kapitälchen, Normal- und Kursivschnitt einer Serifenschrift

Bleisatz

Der Bleisatz entwickelte sich aus dem Hochdruck und beinhaltete ursprünglich gegossene Buchstabenzeilen. So konnte man große Textmengen auf relativ billige Art und Weise drucken. Heute wird der Text in eine Maschine eingegeben, die einen Lochstreifen erzeugt, der dann die Gießmaschine steuert. Der gegossene Block – mit den erhabenen Buchstaben und feinen Details – wird anschließend für den Druck verwendet. Der entstandene Abdruck zeigt sehr viel Struktur und Tiefe. In Verbindung mit einem kräftigen Papier ergibt sich ein eindrucksvolles, alt wirkendes Produkt.

Double Crown Club Dinner
Diese Einladung für ein Dinner im London Arts Double Crown Club wurde von Webb & Webb gestaltet. Sie ist auf ein Papier aus Altbestand gedruckt und sieht deshalb aus, als sei sie selbst sehr alt. Dieser Effekt wird noch verstärkt durch den Druck im Bleisatzverfahren und die zentrierte Schrift – eine Mischung aus Normal- und Kursivschnitt und Kapitälchen – sowie die zusätzlichen Symbole. Der Sprecher bei der Veranstaltung, John McConnell von Pentagram, wird durch ein Sprechersymbol dargestellt, die Mitglieder und Gäste werden durch Zuhörersymbole angedeutet, und die Speisekarte wird durch das Symbol eines Dieners versinnbildlicht.

A Gathering of Time

Dieses von Bruce Mau Design für die Gagosian Gallery entworfene Buch stellt das Werk des Künstlers Cy Twombly vor. Durch das Bleisatzverfahren erhielten die Seiten eine besondere taktile Qualität.

Wie gegenüber zu sehen ist, passt die einfache Typografie nicht nur hervorragend zum Inhalt des Werks, sondern erfordert auch einen sorgfältigen Satz, weil echte Kursivschnitte (a), sorgfältige Unterschneidungen (b) und Ligaturen eingesetzt werden.

Kunde: Gagosian Gallery
Design: Bruce Mau Design
Typografische Details: Bleisatzverfahren erzeugt Struktur

Siebdruck

Kunde: Ericsson
Design: Imagination
Typografische Details:
serifenlose Helvetica, Siebdruck, überlagert mit feinen Textzeilen

Siebdruck

Beim Siebdruck wird die Druckfarbe durch eine Form aus Seide (oder ähnlichem Stoff) übertragen, die in einen Siebrahmen gespannt ist. Der große Vorteil des Verfahrens ist, dass es sich für sehr viele Bedruckstoffe eignet, auch für solche, die mit anderen Verfahren nicht bedruckt werden können.

Making Sense of the New Economy
Diese Einladung zu einer Veranstaltung der Firma Ericsson wurde von Imagination gestaltet. Die Schrift auf der Einladung wurde dem Thema der Veranstaltung – die New Economy – angepasst.

Helvetica 65, eine moderne, serifenlose Schrift, wurde im Siebdruckverfahren auf eine transparente Acetatfolie aufgebracht. Auf die Vorderseite der Einladung und das Begleitmaterial wurden außerdem sehr feine Linien gedruckt; außerdem erscheint die Schrift in umgekehrter Richtung auf der Rückseite der Einladung. Der „Schichteffekt" vermittelt auf sehr einfache Art ein Gefühl der Kommunikation und Verbundenheit. Die bewusste Schlichtheit des Drucks wird verstärkt durch die leicht erhabene Druckfarbe, ein Effekt, der für den Siebdruck charakteristisch ist.

Tiefdruck

Tiefdruck
Beim Tiefdruck, einem Verfahren für Großauflagen, werden die druckenden Elemente in den Formzylinder geätzt. Die Farbe wird dann von dort auf den Bedruckstoff übertragen.

Diese Beispiele sind inspiriert von Briefmarken, sowohl im wörtlichen – Farben, Formen – als auch im übertragenen Sinn – Story und Kontext. Diese Designstorys werden durch den bewussten Einsatz der Typografie visuell bereichert.

Auf dieser Seite
(von oben nach unten)
Satellite agriculture von Richard Cooke. Der Text verläuft schräg und richtet sich an der geometrischen Form der Abbildung aus.
Weaver's craft von Peter Collingwood. Das Gewebe aus Wörtern wirkt wie ein Strickmuster.
Destination Australia von Jeff Fisher. Der Text steht auf dem Kopf und verläuft unterhalb der perforierten Mittellinie.
Jenner's vaccination von Peter Brookes. Die Display-Schrift erzeugt kleine, rote „Pocken"-Flecken.

Seite gegenüber
(von oben nach unten)
City finance von Brendon Neiland. Der Text ist angeordnet wie die Skyline einer Großstadt.
Strip farming von David Tress. Durch die verschiedenen Grüntöne, den unterschiedlichen Zeilenabstand und die übereinander verlaufenden Zeilen entsteht der Eindruck von Ackerfurchen, wodurch auf das Thema des Werks angespielt wird.

Kunde: Royal Mail
Design: Webb & Webb
Typografische Details:
Typografie in Anlehnung an Briefmarken

1000 years 1000 words
Diese Beispiele stammen aus einem Buch, das Webb & Webb gestaltete und zusammen mit Camberwell Press für die britische Post herstellte. Auf 48 Seiten werden 48 Briefmarken präsentiert, die bekannte Künstler und Grafikdesigner anlässlich der bevorstehenden Jahrtausendwende entworfen haben. Mitten durch jede Seite verläuft eine perforierte Zeitlinie, die auf die Form eines Briefmarkenbogens anspielt.

Die 48 nummerierten Marken sind in einem Kombiverfahren aus Flach- und Tiefdruck gedruckt, bei den lithografierten Textseiten wurden elf Sonderfarben verwendet.

Druckweiterverarbeitung

Das Aussehen eines Textes kann durch eine Reihe von Verfahren bei der Druckweiterverarbeitung beeinflusst werden. So können z.B. durch farblose oder farbige Drucklacke einzelne Elemente betont werden. Auch Blinddruck, Beflockung und spezielle Drucklacke rücken einen Text in ein anderes Licht.

Das Verständnis für die Druckweiterverarbeitung kann den Unterschied zwischen einem guten und einem hervorragenden Produkt ausmachen. Der Gesamteindruck wird dadurch nicht nur verstärkt, sondern er ist untrennbar damit verbunden, wie alle Beispiele in diesem Abschnitt beweisen.

Mies van der Rohe stellte fest, dass Gott im Detail steckt, und das gilt ganz besonders bei der Druckweiterverarbeitung. Die folgenden Beispiele sind nicht nur informativ, sondern auch unterhaltsam und spannend. Ein Buch mit Prägedruck will nicht nur gelesen, sondern auch angefasst werden; eine Broschüre mit Drucklack, der das Licht reflektiert, will nicht versteckt, sondern gezeigt werden; und die ungewöhnliche Stanzform einer Einladung hebt sie so sehr von anderen Einladungen ab, dass sie sofort gelesen wird. Solche Effekte werden ganz bewusst eingesetzt, um eine bestimmte Reaktion zu erzielen. Die Druckweiterverarbeitung ist ein fester Bestandteil davon.

Boldly-Go Invitation

Diese Einladung entwarf das Studio Howdy für die Personalberatung Boldly Go. Hauptelement ist das Veranstaltungsdatum, das in ein Metallteil eingestanzt ist. Bei der Schablonenschrift haben die Nullen keine Punzen und ergeben keine großen Löcher. Die Internetadresse der Firma wurde in einer Groteskschrift in das Metall geätzt.

Kunde: Boldly Go
Design: Howdy
Typografische Details: ausgestanzte Schablonenschrift und geätzte Groteskschrift

Stanzen

Bei diesem Verfahren der Druckweiterverarbeitung wird der Bedruckstoff mit einem Stahlstempel durchbrochen, wodurch geformte Löcher entstehen. Meist werden dekorative Stanzungen bei Verpackungen, Einladungen und Broschüren angewendet, doch auch in der Typografie sind Stanzungen möglich (siehe oben).

Hohl- und Reliefprägen

Kunde:
The Architecture Foundation
Design: SEA Design
Typografische Details:
Buchstaben, geformt aus Negativbereichen in geprägter Oberfläche

The Architecture Foundation

Bei dieser von SEA Design für The Architecture Foundation gestalteten Broschüre ist auf dem Bedruckstoff eine Reihe von geprägten Kreisen zu sehen. Die Begriffe „nuzzle", „pulsate", „comfort" und „haze" werden durch Negativbereiche gebildet, auf denen keine Prägung erscheint und die sich so abheben.

Hohl- und Reliefprägen

Beide Verfahren verwendet man, um unterschiedliche visuelle und taktile Eigenschaften zu erreichen, insbesondere auf Berichten, Büchern, Einladungen oder anderen Drucksachen der Corporate Identity. Oft werden Bedruckstoffe gewählt, die das Produkt noch auffälliger machen, z.B. Flockmaterialien oder Strukturpapier.

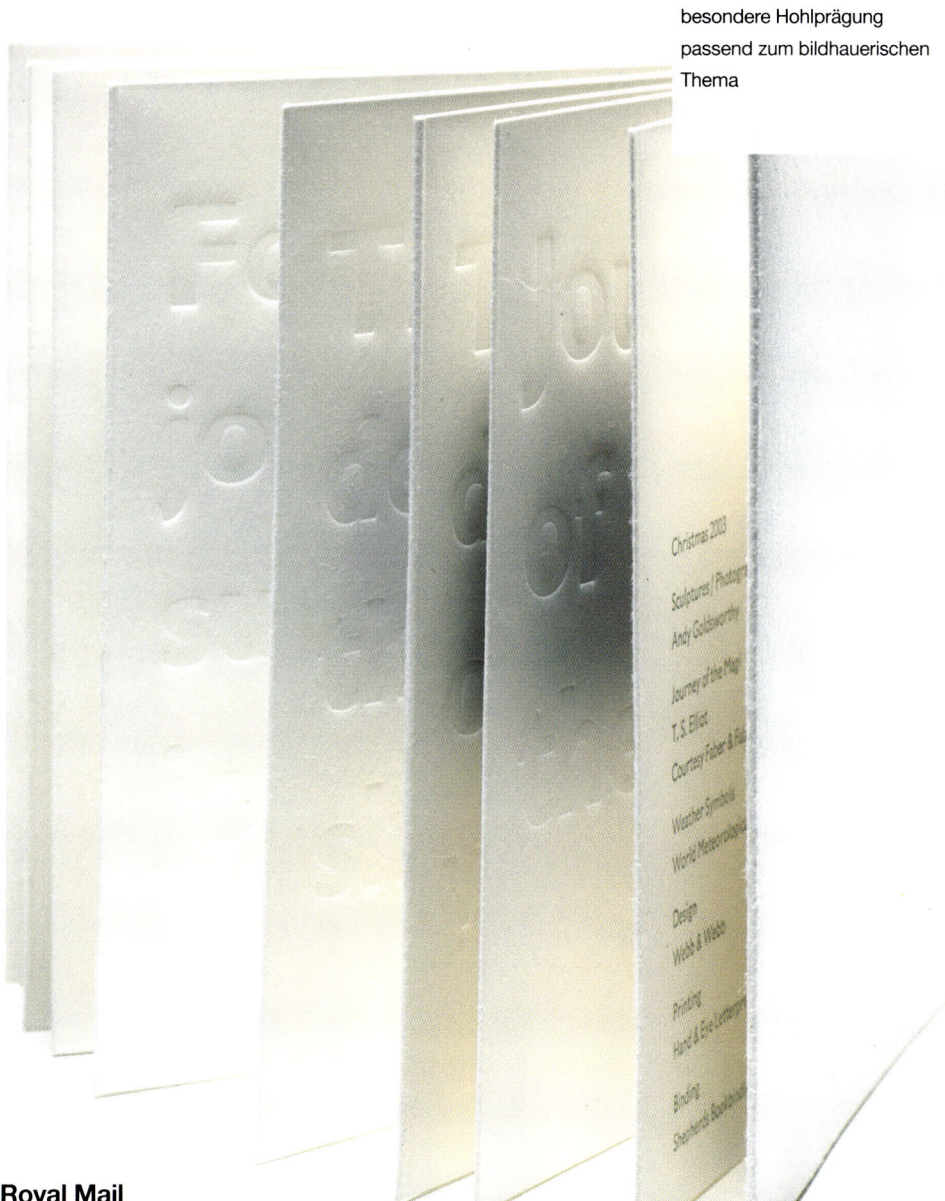

Kunde: Royal Mail
Design: Webb & Webb
Typografische Details:
besondere Hohlprägung passend zum bildhauerischen Thema

Royal Mail

Diese Broschüre wurde von Webb & Webb für die britische Post hergestellt. Sie zeigt eine Serie neuer Briefmarken, die vom Bildhauer Andy Goldsworthy gestaltet wurden. Der Bedruckstoff ist besonders dick, damit die umfangreiche Hohlprägung möglich wurde, die gut mit dem bildhauerischen Thema harmoniert.

Typografie Hohl- und Reliefprägen

Folienprägedruck

Kunde: North
Design: North
Typografische Details:
Schablonenschrift im Folienprägedruck

North Mailer
Diese von North gestaltete Werbebroschüre verwendet eine Schablonenschrift, die mit Goldfolie im Prägedruck auf einen sehr dünnen Bedruckstoff aufgebracht wurde. Nach dem chinesischen Kalender war 2004 das Jahr des Affen, und dieses Thema wird in der grafischen Gestaltung umgesetzt.

Folienprägedruck
Bei diesem Verfahren der Druckweiterverarbeitung wird farbige Folie unter Hitzeeinwirkung auf einen Bedruckstoff aufgebracht. Oft handelt es sich um gold-, kupfer- oder silberfarbene Folie mit Metalleffekt.

Kunde:
Meteorological Office
Design: Thirteen
Typografische Details:
Folienprägedruck, Serifenschrift mit Ligatur von „f" und „i"

Art at the Met Office
Dieser Katalog und das Begleitmaterial wurden vom Designstudio Thirteen für den britischen Wetterdienst anlässlich eines umfangreichen Kunstprogramms zur Eröffnung des neuen Hauptsitzes gestaltet. Der Hauptkatalog dokumentiert eine Wanderausstellung zum Thema „Das Wetter und die Elemente".

Katalog, Broschüren, Plakate und Leaflets haben ein ähnliches Aussehen, was durch den zurückhaltenden Einsatz einer Serifenschrift im Folienprägeverfahren noch betont wird. Diese Schrift gehört zu einer großen Schriftfamilie (vgl. S. 62).

Die Schrift ist an sich schon sehr interessant, z.B. durch das Fähnchen beim zweistöckigen „g", die kantigen Kehlungen der Serifen und den sehr feinen Strichverlauf beim „O". Durch die Ligatur (vgl. S. 82) zwischen „f" und „i" im Wort „Office" wird die Einfachheit und Eleganz der Schrift noch unterstrichen.

Drucklacke

100% Design

Diese vom Designstudio Blast für die Ausstellung 100% Design im Jahr 2004 hergestellte Broschüre wurde mit einem eisblauen Drucklack versehen. Die geisterhaften, schlichten, weißen Fotos werden durch Schlüsselbegriffe aus dem Bereich Design ergänzt, die mit einem unaufdringlichen Drucklack überzogen wurden. Die Ton-in-Ton-Wirkung der serifenlosen Versalien ist sehr unterschwellig und unterstützt dadurch die Bedeutung der Begriffe auf visuelle Art und Weise. Durch das Fehlen von Farbe sehen die Seiten aus wie eine fast unberührte Leinwand.

Kunde: 100% Design
Design: Blast
Typografische Details:
Farbige Drucklacke heben Schrift hervor

Drucklacke

Der Überzug aus Schellack oder Kunststoff wird nach der letzten Druckstufe aufgebracht, um die Oberfläche eines Werks zu versiegeln und seine Wirkung, Struktur oder Haltbarkeit zu verbessern. Lack kann glänzend, satiniert oder matt sein und Farbpigmente enthalten. Er kann punktuell oder flächendeckend aufgebracht werden.

UV-Lacke sind schwere, hochglänzende, matte oder satinierte Lacke, die nach dem Druck aufgebracht und im UV-Trockner ausgehärtet werden. **Spot-Lacke** heben bestimmte Bereiche hervor. Dadurch erscheinen Farben kräftiger, oder eine Seite erhält mehr Struktur. Sie werden meist mit einer gesonderten Druckform aufgebracht. **Maschinenlack**, ein dünner Lack auf Ölbasis, der kaum glänzt, wird auf der Druckerpresse aufgebracht.

Die meisten Weiterverarbeitungsschritte geschehen **offline**, also nach dem Druck. Alle hervorstechenden und strukturgebenden Lacke können nur offline aufgebracht werden. Manche Lacke können jedoch auch **online** während des Drucks verwendet werden, meist wie eine zusätzliche Farbe.

Kunde: Esther Franklin
Design: MadeThought
Typografische Details:
UV-Lack auf Initialen schafft Struktur

Esther Franklin

Diese Corporate Identity für die Modedesignerin Esther Franklin zeigt ihre Initialen (EF), die vollflächig mit einem UV-Lack auf das Trägermaterial aufgebracht sind. Es entsteht ein strukturiertes Muster auf einem schweren, mattschwarzen Untergrund.

Typografie Drucklacke

Praxis

Kunde: Lancaster City Council
Design: Why Not Associates und Gordon Young
Typografische Details: Gedichte, Lyrik, Sprichwörter in unterschiedlichen Schriftstilen

Die praktische Anwendung der Typografie im Grafikdesign nimmt manchmal ganz unerwartete Formen an. Die Anforderungen an einen Text können viel weitreichender und ungewöhnlicher sein, als wir es bisher in diesem Buch gesehen haben; trotzdem bleiben die Grundprinzipien immer gleich. Wie das Beispiel rechts zeigt, kann die Praxis sehr verblüffend sein, doch auch hier musste sich der Grafikdesigner überlegen, welche Schrift er wählt, wie sie gesetzt wird, wie Laufweite, Punktgröße, Lesbarkeit und Anordnung gehandhabt werden sollen.

Die Typografie ist ein technisches, schwieriges und manchmal verwirrendes Handwerk, das viel Sorgfalt, Geduld und historisches Wissen verlangt. Letztendlich ist die Typografie eine sehr intime, menschliche Erfahrung – beim „typografischen" Weg auf der gegenüberliegenden Seite geht es nicht um das Setzen des Textes, sondern um das Lesen, die Erfahrung und die Inspiration.

Die Kapitel über die Klassifizierung der Schrift, den Satz, die Gestaltung und Umsetzung haben das Verständnis für die Möglichkeiten in der Praxis gefördert. Die Beispiele in diesem Kapitel zeigen, dass die Theorie auf spannende und kreative Weise in die Praxis umgesetzt werden kann.

A Flock of Words (links)
Diese Abbildung zeigt einen Teil des 300 m langen typografischen Pfads, der in Morecombe in England gebaut wurde. Entworfen wurde er von Why Not Associates in Zusammenarbeit mit Gordon Young als Teil eines künstlerischen Sanierungsprojekts für die Stadt.

Der 2002 eröffnete Pfad besteht aus Granit, Beton, Stahl, Messing und Glas. Zu sehen sind Gedichte, Lyrik und traditionelle Sprichwörter in unterschiedlichen typografischen Stilen.

Experimentelle Schrift aus Stoff

Kunde: This is a Magazine
Design: Studio KA
Typografische Details: experimentelle Schrift aus Stoff

This is a Magazine (oben)

Diese Seiten stammen aus dem Werk *This is a Magazine*, das vom Studio KA gestaltet wurde. Die großen Buchstaben sind alle aus unterschiedlichen Stoffen. Im Magazin werden Textilien und Farben einer neuen Modesaison gezeigt wie sonst in einem Textilmusterbuch. Die Schrift unterstreicht die Botschaft, dass „man alles machen kann", egal aus welchem „Stoff" man gemacht ist.

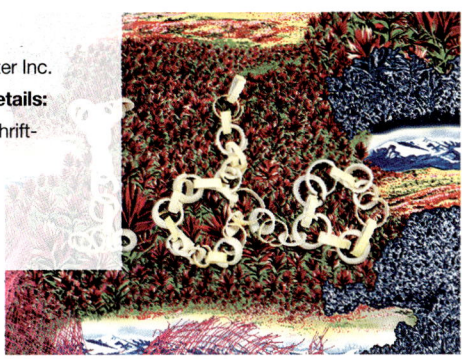

Kunde: Copy
Design: Sagmeister Inc.
Typografische Details: handgefertigte Schriftskulpturen

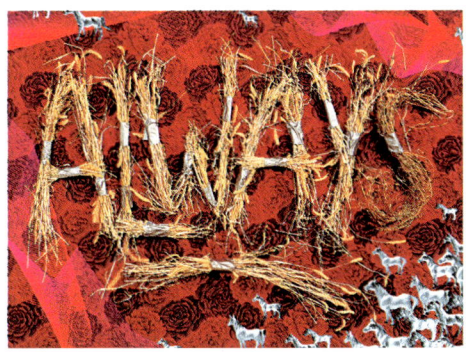
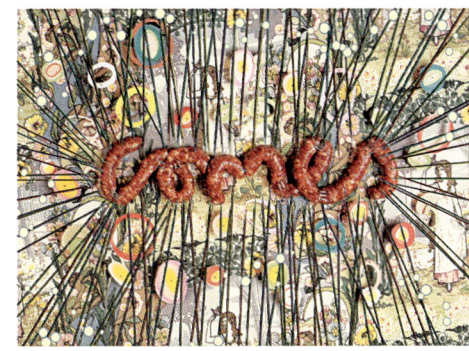

Everything I Do Always Comes Back to Me
Diese Beispiele aus dem österreichischen Magazin *Copy* zeigen, dass es sehr auffallend und wirkungsvoll sein kann, wenn man sich von den herkömmlichen typografischen Formen löst und Elemente des täglichen Lebens verwendet. Die Schrift basiert auf Vorlagen, die von Eva Huekmann geschaffen wurden. Diese Seiten dienten als Trennseiten zwischen verschiedenen Kapiteln. Hintereinander gelesen ergeben sie den Satz „Everything I do always comes back to me". *Copy* beauftragt für jede Ausgabe des Magazins ein anderes Designstudio damit, die Zwischenseiten zu erstellen.

Typografie Experimentelle Schrift aus Stoff

Handgefertigte Schrift im Bild

Kunde: This is a Magazine
Design: Studio KA
Typografische Details: handgezeichnete Schrift überlagert das Bild

Butterflies and Zebras (links)
Diese vom Studio KA für *This is a Magazine* gestaltete Seite zeigt handgezeichnete Buchstaben und Linien, die das abgebildete Gesicht einer Frau überlagern. Die Schrift folgt den Konturen des Gesichts und übermittelt eine persönliche, intime Botschaft von der Frau im Bild oder auch über sie.

Bill Viola – Hall of Whispers Literature (oben)
Bei diesem vom Designstudio Spin für die Ausstellung Haunch of Venison gestalteten Beispiel werden zwei sehr unterschiedliche typografische Stile verwendet. Die serifenlose FC Haas Unica wirkt als neutrales und emotionsloses Gegengewicht für die sehr eindringlichen Fotografien zweier geknebelter Menschen. Auch eine handgezeichnete Schrift wird eingesetzt, die die Grenzen zwischen Text und Bild verwischt.

Die FC Haas Unica hat abgerundete Versalien und kompakte Minuskeln. Zu den charakteristischen Merkmalen zählen auch die Schenkel des „K" und „k", die sich am Schaft treffen, sowie das einstöckige „g".

Kunde:
Hans Brinker Budget Hotel
Design: KesselsKramer
Typografische Details:
Schrift mit Balkenserifen, Kreuzstickerei auf dem Bedruckstoff

Just Like Home

Diese von KesselsKramer für das Hans Brinker Budget Hotel in Amsterdam entworfene Broschüre hat ein Cover, bei dem die Schrift mit einem roten und schwarzen Garn aufgestickt ist. Dieses Stilmittel wiederholt sich im Inneren, denn dort ist der Text zwischen gestickte Bordüren gesetzt.

The Fabric of Fashion
Die Ausstellung The Fabric of Fashion wurde vom British Council (Arts) veranstaltet und beschäftigte sich mit den Bereichen der Textilindustrie, in denen sich industrielle Textildruckverfahren und der praktische Vorgang des Modedesigns überschneiden. Auf diesem Plakat sind Druck und Gewebe vereint, was das Ausstellungsthema gut widerspiegelt. Die Schrift wurde vor dem Druck auf das Plakat aufgenäht und spielt so auf den Vorgang des Webens an. Das Foto von Michael Danner ist in matten Farben gedruckt, was auf die von den Modedesignern und -herstellern verwendeten Druckverfahren anspielt.

Kunde: The British Council
Design: Pentagram (Angus Hyland)
Typografische Details: Text auf Plakat aufgenäht

Typografie Handgefertigte Schrift im Bild

Umgebung

Kunde: SEA Design, Hawkins\Brown & Peter Kirby
Design: SEA Design
Typografische Details: Sammlung von Schriftfundstücken

House Home

Nicht nur in allen möglichen Publikationen, auch in unserer direkten Umgebung ist Schrift zu finden. Diese Bilder stammen aus einem von SEA Design – in Zusammenarbeit mit den Architekten Hawinks/Brown und dem Fotografen Peter Kirby – hergestellten Buch für eine Ausstellung in der Londoner SEA Galerie, die Teil der Clerkenwell Architecture Biennale war. Das Buch enthält eine Reihe von Fotos, auf denen das Wort „house" an den unterschiedlichsten Orten zu sehen ist. Es dokumentiert den Einsatz von Typografie an Orten, die man sehr leicht übersieht. Auf der letzten Seite sind die Namen und Standorte der Häuser aufgelistet.

Kunde: Levi's
Design: The Kitchen
Typografische Details: Anzeigetafeln, begrenzter Platz für Schrift

Levi's

Ein weiteres Beispiel dafür, wie Schrift einer bestimmten Umgebung angepasst wird, ist dieses Schaufenster. Es wurde vom Designstudio The Kitchen für Levi's gestaltet und imitiert elektronische Anzeigetafeln. Aufgrund des begrenzten Platzes auf den LED-Anzeigen muss sich die Schrift anpassen und besteht deshalb aus wenigen Quadraten. Die roten Wörter bewegen sich quer über die schwarzen Anzeigetafeln und sind allein schon deshalb sehr auffällig. Der begrenzte Platz wird so mehr als kompensiert.

Typografie Umgebung

Glossar

In der Typografie gibt es viele Fachbegriffe und Synonyme, die manchmal unübersichtlich und verwirrend sind. In diesem Glossar werden die am häufigsten gebrauchten Begriffe erläutert. Es soll zu einem besseren Verständnis beitragen, erhebt aber keineswegs Anspruch auf Vollständigkeit.

Auf den folgenden 16 Seiten, die auf ungestrichenem Kraftpapier gedruckt sind, werden auch einige Beispiele der unzähligen Schriftarten gezeigt, die dem Designer heute zur Verfügung stehen.

Auf den Seiten 114, 115, 118, 119, 122, 123, 126 und 127 wurde als Spezialfarbe Pantone Metallic 872 verwendet.

ABCDEFGHIJKLMNOPQRSTUVWXYZ
abcdefghijklmnopqrstuvwxyz
1234567890

ABCDEFGHIJKLMNOPQRSTUVWXYZ
ABCDEFGHIJKLMNOPQRSTUVWXYZ
1234567890

ABCDEFGHIJKLMNOPQRSTUVWXYZ
abcdefghijklmnopqrstuvwxyz
1234567890

Aldus – verschiedene Kapitälchen und Mediävalziffern kursiv

Die Aldus-Schriftfamilie wurde 1954 von Hermann Zapf für David Stempel entwickelt. Benannt ist sie nach Aldus Manutius, einem venezianischen Buchdrucker und Verleger aus dem 15. Jahrhundert. Sie war ursprünglich als Book-Schnitt für seine Schriftfamilie Palatino gedacht, wurde aber unter dem Namen Aldus veröffentlicht. Sie ist magerer und enger als Palatino, wodurch sie besonders gut für Mengentext geeignet ist.

3-D-Linsenrasterbild
Druckbild, das je nach Betrachtungswinkel Tiefe bzw. Bewegung vermittelt.

Abstrich
Kräftiger Strich eines Buchstabens.

Aufstrich
Feiner Strich in einem Buchstaben.

Auge
Besondere Bezeichnung der Punze eines „e".

Aussparen
Ein Teil der Farbe im unteren Farbbereich wird ausgespart, sodass es nicht zu einem Überdrucken mit einer anderen Farbe kommt. Dadurch werden Mischfarben vermieden.

Bedruckstoff
Papier oder anderes Material, auf das gedruckt wird.

Bézierkurve
Durch zwei Endpunkte sowie zwei oder mehrere Kontrollpunkte erzeugte Kurve für eine Buchstabenform.

Binnenmajuskel
Ungewöhnliche Verwendung von Versalien: Zwei Begriffe werden ohne Leerraum direkt aneinander gesetzt, wobei jeder mit einer Versalie beginnt.

Typografie Glossar

ABCDEFGHIJKLMNOPQRSTUVWXYZ
abcdefghijklmnopqrstuvwxyz
1234567890

ABCDEFGHIJKLMNOPQRSTUVWXYZ
abcdefghijklmnopqrstuvwxyz
1234567890

ABCDEFGHIJKLMNOPQRSTUVWXYZ
abcdefghijklmnopqrstuvwxyz
1234567890

Cheltenham – Variationen in Roman, Bold Head und Extra Condensed
Die aktuelle Schriftfamilie Cheltenham stammt von Tom Stan und basiert auf dem Originaldesign des Architekten Bertram Goodhue. Dessen Grundversion wurde erst von Morris Fuller Benton erweitert und dann von Stan 1975 fertig gestellt. Diese Version der Cheltenham hat eine höhere Mittellänge sowie verbesserte Kursivdetails und gilt heute als moderne Schrift mit klassischen Attributen.

Bitmap
Aus Punkten zusammengesetztes Bild.

Blackletter
Aus den schnörkelhaften Schriften des Mittelalters hervorgegangene gebrochene Schrift. Auch als Block, Gothic, Old English, Black oder Broken bekannt.

Bogen
Runder Teil des Buchstabens, der eine Punze umgibt.

Bold
Variante des Schriftschnitts Normal, jedoch mit etwas breiterem Strich. Wird auch als Medium, Semibold, Black, Super oder Poster bezeichnet.

Condensed
Engere, schmale Version des Schriftschnitts Normal.

Display-Schrift
Große und/oder sehr augenfällige Schrift, die besonders aus größerer Entfernung gut wahrzunehmen ist.

Drucklack
Lack, mit dem ein bedrucktes Blatt Papier überzogen wird, um es zu schützen oder zu schmücken.

Durchschuss
Abstand von der Unterlänge der einen Zeile zur Oberlänge der anderen.

Egyptienne
Schriften mit schweren, balkenartigen Serifen, geringem Strichkontrast und wenigen Rundungen.

ABCDEFGHIJKLMNOPQRSTUVWXYZ
abcdefghijklmnopqrstuvwxyz
1234567890

ABCDEFGHIJKLMNOPQRSTUVWXYZ
abcdefghijklmnopqrstuvwxyz
1234567890

ABCDEFGHIJKLMNOPQRSTUVWXYZ
abcdefghijklmnopqrstuvwxyz
1234567890

Eras – Variationen in Book, Demi und Ultra
Die Schriftfamilie Eras wurde 1976 von den französischen Schriftdesignern Albert Boton und Albert Hollenstein entwickelt. Es handelt sich um eine typische serifenlose Schrift, die sich durch eine kaum wahrnehmbare Schrägneigung und feine Unterschiede in den Strichstärken auszeichnet. Sie wirkt leicht und offen und spielt an auf in Stein gemeißelte griechische Buchstaben sowie die römische Capitalis.

Endstrich
Das Ende eines auslaufenden Strichs, etwa bei Schweif, Ohr oder Schlinge. Als Tropfen bezeichnet man einen dicken Punkt am Ende eines Schweifs oder Schenkels bzw. einer Kopfserife. Ein Schnabel ist ein kantiger Endstrich eines Schenkels.

Extended
Breit laufende Version des Schriftschnitts Normal.

Fähnchen
Dekorativer Endstrich am rechten oberen Rand eines „g".

Fett
Fette Variante, dicker Strich, hebt die Schrift hervor.

Fließtext
Haupttext eines Werks. Der Schriftgrad liegt üblicherweise zwischen 8 p und 14 p.

Flock
Besonderes Papier für Bucheinbände, bei dem das Grundmaterial mit einem gefärbten Flockpulver beschichtet wird. Wurde ursprünglich entwickelt, um Tapeten und italienischen Samtbrokat nachzuahmen.

Font
Kompletter Zeichensatz einer Schrift. Er enthält Schriftschnitte, Sonderzeichen, Ziffern, Symbole sowie sprachenspezifische Formen wie etwa Ligaturen.

ABCDEFGHIJKLMNOPQRSTUVWXYZ
abcdefghijklmnopqrstuvwxyz
1234567890

**ABCDEFGHIJKLMNOPQRSTUVWXYZ
abcdefghijklmnopqrstuvwxyz
1234567890**

**ABCDEFGHIJKLMNOPQRSTUVWXYZ
abcdefghijklmnopqrstuvwxyz
1234567890**

Syntax – Variationen in Roman, Bold und Ultra Black
Die Schriftfamilie Syntax entstand 1995 aus einer Zusammenarbeit zwischen dem Schweizer Typografen Hans Eduard Meier und der Firma Linotype. Ziel war eine stark überarbeitete und erweiterte Version dieser Schriftfamilie, die Meier ursprünglich 1968 entworfen hatte. Formveränderungen, die für den gegossenen Hartbleisatz und die Fotosetzmaschine erforderlich gewesen waren, wurden wieder fallen gelassen. Neue Schriftschnitte von Light bis Black kamen hinzu, ebenso Mediävalziffern, Ziffern mit besonderer Mittellänge, Kapitälchen und Kursive.

Fuß
Serife am unteren Ende des Schafts, direkt auf der Grundlinie.
Gemeine
Siehe Minuskeln.
Geometrisch
Auf geometrischen Formen basierende serifenlose Schriften, die an den runden Buchstaben „O" und „Q" erkennbar sind.

Geviert
Maßeinheit, die sich aus der Breite des quadratischen Buchstabens „M" ergibt. Ein „M" mit einem Schriftgrad von 10 p ist 10 p hoch und 10 p breit.
Goldener Schnitt
Aufteilung im Verhältnis 8:13, die harmonische Proportionen schafft.

Grundlinie
Gedachte Linie, auf der eine Zeile „sitzt"; Ausgangspunkt für die Bemessung anderer Elemente, z.B. Mittellänge und Zeilenabstand/Durchschuss. Auch Schriftlinie genannt.
Haarstrich
Der dünnste Strich einer Schrift mit unterschiedlichen Strichstärken. Bezeichnet auch die Linie von 0,25 p, die dünnste in Druckverfahren abbildbare Linie.

ABCDEFGHIJKLMNOPQRSTUVWXYZ
abcdefghijklmnopqrstuvwxyz
1234567890

ABCDEFGHIJKLMNOPQRSTUVWXYZ
abcdefghijklmnopqrstuvwxyz
1234567890

ABCDEFGHIJKLMNOPQRSTUVWXYZ
abcdefghijklmnopqrstuvwxyz
1234567890

Geometric – Variationen in Light, Roman und Bold
Die Schriftfamilie Geometric ist eine serifenlose Schrift mit großzügigen Versalien und Ziffern sowie kreisförmigen Buchstaben „O", „Q", „G" und „C". Kleinbuchstaben haben höhere Oberlängen und kürzere Unterlängen, und die Punze des „e" liegt auffallend schräg.

Halbgeviert
Maßeinheit, die einem halben Geviert entspricht.

Handentwürfe
Von Hand gezeichnete Schriften.

Hierarchie
Logisch strukturierte und visualisierte Abstufung von Überschriften, die unterschiedliche Bedeutungsebenen signalisiert.

Hohlprägung
Vertiefte Prägung im Papier ohne Druckfarbe oder Folie.

Initiale
Großer Anfangsbuchstabe eines Textes, der meist so ausgerichtet ist, dass er bündig mit der Oberkante der ersten Zeile abschließt.

Kapitälchen
Versalien, die in der Größe den Minuskeln einer Schrift entsprechen. Sie sind weniger dominant als reguläre Versalien und werden oft für Akronyme und häufige Abkürzungen verwendet.

Kehlung
Serifenrundung, die die Serife mit dem Schaft verbindet.

Kerning
Verringerung der Laufweite bei kritischen Buchstabenkombinationen.

Kerning-Paare
Buchstabenkombinationen, bei denen Kerning üblicherweise eingesetzt wird.

Kopfserife
Serife am oberen Ende des Schafts.

ABCDEFGHIJKLMNOPQRSTUVWXYZ
abcdefghijklmnopqrstuvwxyz
1234567890

ABCDEFGHIJKLMNOPQRSTUVWXYZ
ABCDEFGHIJKLMNOPQRSTUVWXYZ
1234567890

ABCDEFGHIJKLMNOPQRSTUVWXYZ
abcdefghijklmnopqrstuvwxyz
1234567890

MetaPlus – Variationen in Roman, Medium-Kapitälchen und Bold
Die Schriftfamilie MetaPlus wurde 1993 von den holländischen Schriftdesignern Lucas de Groot und Erik Spiekermann entwickelt. Die Buchstaben und Mediävalziffern sind klar und leicht zu lesen.

Kursiv
Version des Schriftschnitts Normal, die zwischen 7 und 20 Grad nach rechts geneigt ist.
Kurve
Geschwungener Strich von links nach rechts beim „S" und „s".
Laufweite
Veränderbarer Abstand zwischen Buchstaben.

Lesbarkeit
Unterscheidbarkeit von Buchstaben aufgrund zeichentypischer Designmerkmale. Bezieht sich auch auf die Gesamterscheinung eines Textes.
Ligaturen
Verbindung von zwei oder drei Buchstaben zu einer Einheit, um Interferenzen zwischen bestimmten Buchstabenkombinationen zu vermeiden.

Light/thin
Dünne, magere Version des Schriftschnitts Normal.
Maß
Länge einer Textzeile, ausgedrückt in Pica-Point.
Mediävalziffern
 (auch Minuskelziffern)
Ziffern mit Ober- und Unterlängen.

ABCDEFGHIJKLMNOPQRSTUVWXYZ
abcdefghijklmnopqrstuvwxyz
1234567890

ABCDEFGHIJKLMNOPQRSTUVWXYZ
abcdefghijklmnopqrstuvwxyz
1234567890

ABCDEFGHIJKLMNOPQRSTUVWXYZ
abcdefghijklmnopqrstuvwxyz
1234567890

News Gothic – Variationen in Light, Medium und Bold
News Gothic ist eine serifenlose Schriftfamilie, die 1908 von Morris Fuller Benton für American Typefounders entwickelt wurde. Die fetten Schriftschnitte kamen erst 1958 hinzu. Die Versalien sind in der Breite sehr ähnlich, während die Gemeinen kompakt und kraftvoll wirken.

Minuskeln
Kleinbuchstaben, die ursprünglich auf karolingischen Buchstabenformen basieren. Werden auch als Gemeine bezeichnet.
Mittellänge
Höhe des kleinen „x" einer Schriftart.
Mittellinie
Gedachte Linie, die auf dem oberen Punkt der Buchstaben verläuft, die keine Oberlänge haben.

Nichtproportional
Schrift, bei der jeder Buchstabe die gleiche Breite einnimmt.
Oberlänge
Der Teil eines Buchstabens, der über die Mittellänge hinausragt.
Ohr
Ende der Rundung eines „C" und eines „S".

Pica
Maßeinheit für die Zeilenlänge. Ein Pica entspricht 12 p (UK/US) oder 4,22 mm. Sechs Pica-Points ergeben einen Inch.
PostScript
Seitenbeschreibungssprache, die von Laserdruckern und hochauflösenden Ausgabegeräten verwendet wird.

ABCDEFGHIJKLMNOPQRSTUVWXYZ
abcdefghijklmnopqrstuvwxyz
1234567890

ABCDEFGHIJKLMNOPQRSTUVWXYZ
abcdefghijklmnopqrstuvwxyz
1234567890

ABCDEFGHIJKLMNOPQRSTUVWXYZ
abcdefghijklmnopqrstuvwxyz
1234567890

Foundry Gridnik – Variationen in Light, Medium und Bold
Foundry Gridnik wird oft auch als „Courier für denkende Menschen" bezeichnet. Die Schrift wurde von Jürgen Weltin für The Foundry entwickelt und basiert auf einem Design von Wim Crowel aus den 1960er Jahren, das ursprünglich als Schreibmaschinenschrift in nur einer Schriftstärke gedacht war, jedoch nie auf den Markt kam. The Foundry nannte diese Schrift „Gridnik", weil Crowel stets sehr viel Wert auf Raster („grids") und Systeme legte. Die serifenlosen Zeichen sind eher winklig als rund, wie man am „Q" und „O" leicht erkennen kann.

Punktsystem
Typografisches Maßsystem. Der britische und amerikanische Punkt beträgt $^1/_{12}$ Inch. Das europäische Didot-System verwendet ähnliche Werte.

Punze
Vom Buchstaben umschlossener Innenraum; auch Auge oder Binnenraum genannt.

Querstrich
Horizontaler Strich bei Buchstaben wie „A", „H", „T", „e", „f", „t". Auch Balken oder Querbalken genannt.

Reliefprägung
Erhabene Prägung im Papier ohne Druckfarbe oder Folie.

Roman
Bezeichnung für normale Schriftschnitte.

Schaft
Vertikaler oder diagonaler Hauptstrich eines Buchstaben.

Scheitel
Oberster Punkt eines spitzen Buchstabens, z.B. „A", an dem sich der rechte und der linke Strich treffen.

ABCDEFGHIJKLMNOPQRSTUVWXYZ
abcdefghijklmnopqrstuvwxyz
1234567890

**ABCDEFGHIJKLMNOPQRSTUVWXYZ
abcdefghijklmnopqrstuvwxyz
1234567890**

*ABCDEFGHIJKLMNOPQRSTUVWXYZ
abcdefghijklmnopqrstuvwxyz
1234567890*

Revival – Variationen in Roman, Bold und Bold Italic
Der Amerikaner Kris Holmes entwickelte die Schriftfamilie Revival 1982. Es handelt sich um eine Serifenschrift mit runden Formen und sehr unterschiedlichen Strichstärken. Sowohl das „y" als auch das „j" hat einen Schweif mit ausgeprägtem Endstrich, und alle Oberlängen sind mit auffallenden Kopfserifen verziert.

Schenkel
Schräg nach unten gehender Strich des „K", „k" und „R". Bezeichnet manchmal auch den Schweif des „Q".

Schlinge
Ganz oder teilweise eingeschlossene Punze im unteren Teil eines Buchstabens, z.B. im zweigeschossigen „g".

Schnittpunkt
Punkt, an dem sich die Schenkel des „K" und „k" treffen.

Schräg
Schräg gestellte Version des Schriftschnitts normal. Nicht zu verwechseln mit kursiv.

Schriftart
Alle Buchstaben, Ziffern und Satzzeichen gleichen Designs.

Schriftfamilie
Schriftartvarianten mit gleichen Merkmalen, aber unterschiedlichen Schriftgraden und -schnitten.

Schriftschnitte
Die verschiedenen Ausformungen einer Schrift.

Schulter
Bogen eines „h".

Schweif
Balken eines „Q"; beim „K" und „R" auch Schenkel. Die Unterlängen von „g", „j", „p", „q" und „y" werden gelegentlich auch als Schweif bezeichnet.

Script
Schreibschrift, die einer Handschrift ähnlich ist.

ABCDEFGHIJKLMNOPQRSTUVWXYZ
abcdefghijklmnopqrstuvwxyz
1234567890

**ABCDEFGHIJKLMNOPQRSTUVWXYZ
abcdefghijklmnopqrstuvwxyz
1234567890**

*ABCDEFGHIJKLMNOPQRSTUVWXYZ
abcdefghijklmnopqrstuvwxyz
1234567890*

Melio – Variationen in Regular, Bold und Bold Italic
Melio ist eine Schriftfamilie von Serifen, die 1952 von Hermann Zapf entworfen wurde. Buchstaben und Zeichen sind sehr kräftig, die Formen sowohl klassisch als auch sachlich. Weil die Schrift besonders gut lesbar ist, eignet sie sich für verschiedene Textsorten und Schriftgrade.

Serife
Kleiner Strich am Ende eines horizontalen oder vertikalen Grundstrichs. Der Begriff wird auch als Klassifizierungs-Bezeichnung für Schriften verwendet, die dekorative runde, spitze, eckige oder balkenartige Serifen aufweisen.

Serifenlose
Schriften ohne dekorative Serifen, meist mit geringer Variation in der Strichstärke, größerer Mittellänge und unbetonten Rundungen.

Sohle
Winkel am unteren Ende eines Buchstabens, dort, wo sich zwei Schenkel treffen, z.B. beim „V".

Stanzung
Mittels Stahlstempel ausgeschnittene Formen im Papier.

Strich
Diagonaler Teil bei Buchstaben wie „N", „M", „Y". Auch Schaft, Querstrich, Schenkel etc. werden kollektiv als Strich bezeichnet.

Text
Geschriebener oder gedruckter Hauptteil einer Publikation.

Tiefdruck
Druckverfahren für Großauflagen, bei dem der Druckbereich in die Druckplatte eingeätzt wird.

TrueType
Fonts, deren Konturen über eine Bézier-Kurve definiert werden.

Überdrucken
Eine Farbe wird über die andere gedruckt.

ABCDEFGHIJKLMNOPQRSTUVWXYZ
abcdefghijklmnopqrstuvwxyz
1234567890

ABCDEFGHIJKLMNOPQRSTUVWXYZ
ABCDEFGHIJKLMNOPQRSTUVWXYZ
1234567890

ABCDEFGHIJKLMNOPQRSTUVWXYZ
abcdefghijklmnopqrstuvwxyz
1234567890

Apollo – Variationen in Regular, Kapitälchen und Semi-Bold
Die Schriftfamilie Apollo wurde 1962 von Adrian Frutiger für die Firma Monotype entwickelt, insbesondere für die in den 1960er Jahren vorherrschenden Fotosetzmaschinen. Es handelt sich um eine gut lesbare und sehr harmonische Serifenschrift. Der Normalschnitt ist robust genug, um auch auf weichem Papier gut lesbar zu sein, und gleichzeitig dünn genug, um mit dem halbfetten Schnitt gut zu kontrastieren. Die Schrift eignet sich sowohl für Überschriften als auch für Fließtext.

Überfüllung/Trapping
Bewusste leichte Überlappung von aneinander grenzenden Farb-, Text- oder Formbereichen, damit keine weißen Stellen sichtbar werden (blitzen).

Übergang
Verbindungsteil der beiden Punzen bei einem zweigeschossigen „g".

Unterlänge
Teil des Buchstabens, der unter der Grundlinie liegt.

Vektorgrafik
Skalierbares Objekt, das durch Vektoren beschrieben wird.

Vektorverlauf
Mathematische Aussage, die eine Vektorgrafik definiert.

Verlauf
Richtung, in die sich die Strichstärke einer Rundung verändert.

Versalien
Großbuchstaben, Majuskeln.

Versalziffern
Ziffern in der Höhe der Großbuchstaben.

Zeichen
Eigenständiges Element einer Schrift, z.B. Buchstaben oder Satzzeichen.

Zeilenabstand
Abstand in p zwischen den Textzeilen, gemessen von Grundlinie zu Grundlinie.

Schluss

Schluss

In diesem Buch wurde versucht, die Grundprinzipien der Typografie darzustellen. Ein gutes Verständnis dieser Grundlagen sowie das Wissen um Formate, Layout, Farben und Bilder sind für den Grafikdesigner wichtige Werkzeuge, um seine Kreativität in die Praxis umsetzen zu können.

Jeder Grafikdesigner möchte mit seinem Können Geld verdienen, und die Beachtung der hier beschriebenen Grundlagen hilft ihm dabei, seine Zeit sinnvoll zu nutzen und den Kostenrahmen nicht zu sprengen. Im Mittelpunkt jeder kreativen Arbeit steht jedoch die Inspiration. Wir hoffen, dass die gezeigten Beispiele von führenden Designstudios Inspiration für unsere Leser sind. Während dieses Buch entstand, wurde uns klar, dass die Typografie für viele Grafikdesigner ein beliebtes Betätigungsfeld ist. Der Enthusiasmus und das Verständnis, mit dem viele der an diesem Buch beteiligten Experten das Thema umgesetzt haben, half wiederum den Autoren dabei, einen umfassenden Überblick geben zu können.

Die Grundlagen der Typografie mögen sehr pragmatisch sein, der Satz und die Produktion eines Druckwerks sogar mathematisch. Doch es ist verblüffend, welche Ergebnisse mit etwas kreativem Einsatz möglich sind. Die hier vorgestellten Arbeiten wurden natürlich geplant, gesetzt und gedruckt, doch letztendlich entstanden sind sie mit sehr viel Enthusiasmus und dem Bedürfnis nach gezielter Kommunikation. Alle Projekte basieren auf den hier vorgestellten Grundprinzipien und sind Teil der nie enden wollenden Geschichte des Schriftsatzes. Die Fachbegriffe und Maßsysteme sind dazu gedacht, diese Kunst leichter und verständlicher und nicht komplizierter zu machen. Wir hoffen, dass dieses Buch das Verständnis unserer Leser für die Typografie so sehr vertieft hat, dass sie sie nun mit anderen Augen sehen.

Kunde:
DSFX – Darkside Effects
Design: Form Design
Typografische Details:
kantige Schrift, manipulierte Zeichen, offene Punzen

DSFX – Darkside Effects
Auf diesem von Form Design für DSFX Darkside Effects entworfenen Briefpapier sind stark kantige, manipulierte Zeichen mit geringem Strichkontrast zu sehen. Der obere Balken des „F" ist übermäßig lang, dem „D" fehlt der Schaft. Das Design insgesamt ist sehr futuristisch und leicht wiedererkennbar.

Danksagung

Kunde: This is a Magazine
Design: Studio KA
Typografische Details:
Aus Textzeilen wird eine Frau nachgebildet, unterschiedliche Punktgrößen ergeben verschiedene Zeilenhöhen.

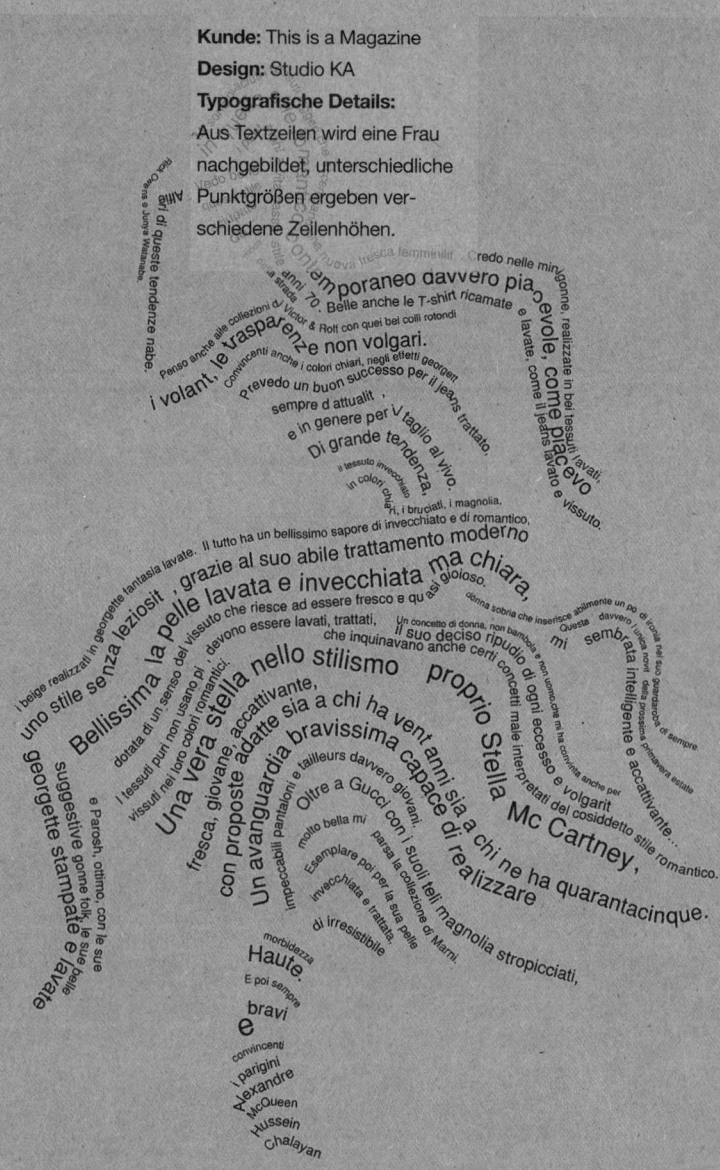

This is a Magazine

Bei diesem von Studio KA entworfenen Bild verbinden sich Textzeilen zu einer Frauenfigur. Die Zeilen verlaufen kurvig und der Text ist abgeschnitten, um die Figur zu formen. Verschiedene Zeilenhöhen werden durch unterschiedliche Punktgrößen erreicht.

Dank

Wir bedanken uns bei allen Beteiligten für ihre Unterstützung, besonders bei den Art-Direktoren, Designern und Kreativen, die uns so großzügig die Verwendung ihrer Arbeiten gestattet haben. Ein besonderer Dank geht auch an alle, die sich auf die Suche nach den faszinierenden Beispielen gemacht, sie zusammengetragen und in manchen Fällen wiederentdeckt haben. Vielen Dank an Xavier Young für seine Geduld, Entschlossenheit und sein fachliches Können beim Fotografieren der Arbeiten und an Heather Marshall, die als Model fungierte. Und zum Abschluss ein riesiges Danke an Natalie Price-Cabrera – die das Konzept für dieses Buch entwickelte –, an Caroline Walmsley, Brian Morris und die Mitarbeiter bei AVA Publishing, die all unsere Wünsche, Fragen und Nachfragen geduldig ertragen und uns immer unterstützt haben.

Kontakte

Agentur	Kontakte	Seite
3 Deep Design	www.3deep.com.au	101, 102/103, 108/109, 110–112, 119
Aufuldish + Warinner	www.aufwar.com	79
bis	www.bisdixit.com	44/45
Blast	www.blast.co.uk	83, 133, 148
Browns	www.brownsdesign.co.uk	15, 24, 68/69, 93, 118
Bruce Mau Design	www.brucemaudesign.com	136/137
Build	www.designbybuild.com	106, 122/123
Faydherbe / De Vringer	www.ben-wout.nl	19
Form Design	www.form.uk.com	50/51, 59, 114, 128, 173
Frost Design	www.frostdesign.co.uk	85
Gavin Ambrose	www.gavinambrose.co.uk	55, 87, 89
Howdy	www.howdy-pardners.com	143
Imagination	www.imagination.com	138/139
Intro	www.introdesign.com	3, 123
Iris Associates	www.irisassociates.com	130/131
KesselsKramer	www.kesselskramer.com	31, 34/35, 156
MadeThought	www.madethought.com	149
Matt Lumby	www.mtlumby2d.com	89
NB: Studio	www.nbstudio.co.uk	32/33, 99
North	www.northdesign.co.uk	21, 53, 146
Pentagram	www.pentagram.co.uk	60/61, 73, 157
Radley Yeldar	www.ry.com	120/121
Research Studios	www.researchstudios.com	105, 114/115
SEA Design	www.seadesign.co.uk	57, 77, 127, 144, 158
Spin	www.spin.co.uk	7, 41, 67, 71, 112/113, 124/125, 155
Sagmeister Inc.	www.sagmeister.com	153
Still Waters Run Deep	www.stillwaters-rundeep.com	49
Studio KA	www.thisisamagazine.com	152, 154/155, 174
Studio Myerscough	www.studiomyerscough.co.uk	98, 117, 120, 130
The Kitchen	www.thekitchen.co.uk	107, 128/129, 159
Thirteen	www.thirteen.co.uk	25, 147
Webb & Webb	www.webbandwebb.co.uk	47, 81, 134/135, 140/141, 145
Why Not Associates	www.whynotassociates.com	10/11, 42/43, 150/151